空间交会对接系统仿真技术

主 编 林西强
副主编 李英良
编 著 王 华 张海联 王 震 李九人

国防工业出版社

·北京·

内 容 简 介

空间交会对接是一项复杂的大型系统工程,参与系统多、流程复杂、飞行控制难度大、实时性要求高。为保证方案正确,载人航天工程总体研究了系统仿真技术,构建了交会对接仿真系统,实现了众多异构软件之间不同层次的高效交互,保证了联合仿真试验的全面性、客观性和真实性,为交会对接任务和空间实验室任务系统间接口验证提供了有效手段。本书从交会对接系统仿真理论体系出发,结合我国载人航天工程实践,对交会对接系统仿真基本理论、仿真系统架构、分布式仿真技术、交会对接仿真数学建模和仿真试验设计方法等方面进行了深入阐述,提出了大型分布式仿真系统构建的方法和思路。本书对从事交会对接及系统仿真技术研究的科技工作者具有较好的参考价值,也可供高等院校相关专业师生使用。

图书在版编目(CIP)数据

空间交会对接系统仿真技术 / 林西强等编著. —北京:国防工业出版社,2019.1
ISBN 978 – 7 – 118 – 11761 – 5

Ⅰ.①空… Ⅱ.①林… ②李… Ⅲ.①对接(航天) –交会对接 – 计算机仿真 Ⅳ.①V526 – 39

中国版本图书馆 CIP 数据核字(2018)第 299984 号

※

国防工业出版社出版发行
(北京市海淀区紫竹院南路23号 邮政编码100048)
三河市众誉天成印务有限公司
新华书店经售
*
开本710×1000 1/16 印张15¼ 字数267千字
2019年1月第1版第1次印刷 印数1—1500册 定价78.00元

(本书如有印装错误,我社负责调换)

国防书店:(010)88540777 发行邮购:(010)88540776
发行传真:(010)88540755 发行业务:(010)88540717

序

　　空间交会对接技术是进行空间设施组装建造、物资补给、人员轮换、维修维护等在轨服务活动的基础,是开展大型航天活动的重大关键技术之一。"阿波罗"登月、"和平"号及国际空间站建造运行、航天飞机在轨补给和维修服务等任务的成功实施,都依赖于空间交会对接技术。自 2011 年以来,我国成功实施了5 次交会对接飞行任务,通过神舟八号、九号、十号飞船与天宫一号目标航天器进行交会对接,神舟十一号飞船、天舟一号货运飞船与天宫二号空间实验室交会对接,标志着我国已经完全掌握了载人天地往返、空间交会对接和推进剂在轨补加等建造和运营近地轨道空间站的核心技术。

　　空间交会对接是一项复杂的大型系统工程,涉及运载火箭、追踪航天器、目标航天器、测控通信、发射场等系统,具有参与系统多、流程复杂、实时性要求高、人在回路、系统间协同和飞行控制难度大等特点。为了保证交会对接飞行全过程的方案合理优化并进行充分验证,载人航天工程总体提出并组织研制了交会对接仿真系统,在多层次的分布交互仿真系统架构基础上,利用各系统已有的实际任务软件,同时根据功能需要研制相应的模拟软件,实现了各类异构软件之间不同层次的高效交互,首次实现了载人航天工程大系统飞行任务联合仿真。可以全面、客观和真实地对交会对接正常和故障飞行状态方案进行仿真评价和检验,为系统间接口验证提供了一种可靠有效的手段,为我国交会对接任务和空间实验室任务的成功实施提供了有力的技术验证支持。

　　本书作者是我国载人航天工程总体科技工作者,参与了我国载人航天交会对接历次飞行任务,主持完成了我国载人航天工程总体的交会对接任务仿真系统、空间实验室任务仿真系统的设计和研制工作,在交会对接系统仿真领域具有较深的理论基础和丰富的工程实践经验。本书从交会对接系统仿真理论体系出发,同时结合我国载人航天工程实践,对交会对接系统仿真理论和方法、仿真系统架构、分布式仿真技术、交会对接仿真数学建模、仿真试验设计方法等方面进行了深入和系统地阐述,提出了大型分布式仿真系统构建的方法和思路。本书对从事交会对接及系统仿真技术研究的科技工作者具有较好的参考价值。

2018年9月30日

前　言

　　基于现有进入太空运载能力条件，交会对接技术是人类开展大型航天活动必不可少的关键技术，我国后续即将进行的空间站建造与运营，以及正在论证的载人月球探测、载人深空探测等复杂航天活动，都需要以交会对接技术为基础。

　　考虑到交会对接技术的复杂性，我国载人航天工程总体在实施首次交会对接任务前，建立了以数学仿真为主、实时和超实时相结合的载人航天交会对接任务仿真系统，将各关键要素通过软件集成在一起，开展了交会对接正常飞行过程、故障预案和边界条件等仿真，完成了神舟八号至十号交会对接任务飞行前的仿真验证，全面考核了载人航天工程各系统从目标航天器发射到载人飞船返回全过程协同完成任务的能力，验证了方案的正确性和工程各系统间的协调性。2014年以来，载人航天工程总体在交会对接任务仿真系统基础上，进一步统一设计了底层环境，设计研制了基础资源库层、中间件层、工具层和应用层软件，通过模型可视化组装方式，构建了具有较好通用性的空间实验室任务仿真系统，进一步提高了软件的可重用性和仿真系统的构建效率，完成了神舟十一号、天舟一号与天宫二号空间实验室的交会对接仿真，为空间实验室任务的圆满成功提供了有效验证手段。

　　本书的撰写出版，旨在对载人航天工程总体交会对接系统仿真手段和方法进行探索并总结。全书针对交会对接任务背景，从理论、实践上对交会对接系统仿真理论与建模进行了系统研究和阐述，提出了工程总体层面交会对接任务系统仿真新思路和方法，具有较好的参考价值。

　　全书共8章。首先，介绍了空间交会对接的基本概念及作用、基本特征和发展趋势，国内外交会对接技术发展概况，以及交会对接系统仿真技术的发展概况。其次，阐述了系统仿真的基本理论和方法，交会对接任务仿真系统架构和仿真平台，交会对接轨道及姿态动力学、外测/中继/导航数据模拟，远距离导引控制、自主控制仿真模型，可视化建模方法，以及交会对接仿真试验设计方法、数据处理方法和仿真项目管理。最后，面向工程应用，给出了我国交会对接任务系统仿真在实际任务中的应用实例，并对我国载人航天工程后续任务仿真系统建设进行了展望。

本书的编著得到了中国载人航天工程办公室、国防科技大学、航天科技集团有限公司五院、航天宏宇公司等单位的大力支持。尤岳、孙福煜、郭帅、王敏、杨科化、吕纪远、王齐惠等同志参加了部分章节的编写，李海阳、梁苏南、常武权、吕新广、范高洁、张亚峰、董文强、彭利文、刘成军、邓华等同志参加了仿真系统建设和仿真试验等工作，在此一并表示感谢。

本书主要面向从事航天及系统仿真等相关领域的科技工作者，也可供高等院校相关专业的教师和学生参考。我国空间站工程已进入关键阶段，后续对任务规划、飞行方案的验证更加复杂，希望本书的出版能对从事载人航天系统仿真工作的科研人员和管理人员有所帮助。

本书作者多年从事交会对接任务系统仿真研究工作，对系统仿真相关技术进行了较为全面的阐述，但交会对接系统仿真涉及诸多领域知识，理论性和实践性都很强，技术发展较快，书中难免有不足和疏漏之处，欢迎广大同行及读者批评指正。

目　录

第1章 绪 论

2011—2013年,我国先后成功实施了神舟八号、神舟九号、神舟十号飞船与天宫一号目标航天器的交会对接任务,突破和掌握了空间交会对接技术。2016—2017年,我国又成功完成了神舟十一号飞船、天舟一号货运飞船与天宫二号的交会对接,使交会对接技术在空间实验室任务阶段得到进一步验证和巩固,为我国后续空间站建造奠定了坚实基础。在我国实施交会对接任务期间,工程总体组织构建了交会对接任务仿真系统,首次进行了交会对接全任务过程全系统联合仿真,验证了任务方案正确性、系统间接口协调匹配性,为任务的成功实施提供了有力的技术验证支持。本章首先阐述空间交会对接的基本概念、作用、基本特征和发展趋势,以及国内外交会对接发展概况,而后介绍交会对接系统仿真技术的发展及应用情况。

1.1 交会对接概述

1.1.1 交会对接的概念及作用

交会对接(Rendezvous and Docking,RVD)技术是指两个航天器于同一时间在轨道同一位置以相同速度会合并在结构上连成一个整体的技术。通常,参与交会对接的两个航天器一个为被动航天器,另一个为主动航天器。被动航天器不做任何机动或仅做少量机动,称为目标航天器或目标器,如空间站或空间实验室。主动航天器要执行一系列的轨道机动飞向目标器,称为追踪航天器或追踪器,如飞船或航天飞机等。

空间交会对接包括两部分相互衔接的空间操作,即空间交会和空间对接。交会是指目标航天器在已知轨道上稳定飞行,而追踪航天器执行一系列的轨道机动,与目标航天器在空间轨道上按预定位置和时间相会。对接是指在完成交会后,两个航天器在空间轨道上接近、接触、捕获和校正,最后紧固连接成一个组合航天器的过程。

交会对接技术是实施空间组装、物资补给、人员轮换、在轨服务等任务的基础,是进行高级空间操作的一项关键技术,主要应用如下:

（1）在轨组装大型航天器。由于火箭运载能力有限,进行大型航天器平台建造需要以交会对接技术为基础,将航天器舱段或部件分批发射入轨,而后采用直接对接或空间组装的方式,将它们连接形成一个航天器整体。"和平"号空间站及国际空间站在建造过程中均大量采用了交会对接技术。

（2）空间站补给及人员轮换。空间站长期在轨运行期间,需要定期进行物资补给和人员轮换,这也依赖于交会对接技术。物资补给通常采用货运飞船或航天飞机,人员轮换可采用载人飞船或航天飞机,通过与空间站对接建立天地往返通道。

（3）航天器在轨服务。通过在轨服务航天器与待服务航天器（如部分功能丧失航天器或失效航天器）进行空间交会对接,而后对其进行维修或推进剂补加,使其恢复功能,能够延长航天器工作寿命,可产生重大经济效益。美国曾多次利用航天飞机与哈勃太空望远镜进行交会对接,通过航天员出舱方式对其进行维修和部件模块更新升级,有效延长了哈勃太空望远镜的工作寿命。

（4）深空探测任务。在未来载人月球探测及以远的深空探测任务中,航天器质量规模将非常庞大,需要通过多次发射,在近地轨道、月球轨道、行星轨道或拉格朗日点进行交会对接完成航天器组装。完成行星表面探测后,航天员需乘坐上升器与行星轨道上的飞行器进行交会对接,将航天员转移返回地球。

1.1.2 交会对接任务基本特征

1. 交会任务类型

在进行交会对接任务分类时,由于对接通常是一个标准程序,一般不以对接阶段任务进行区分,交会对接任务的不同类型主要体现在交会阶段。从任务约束条件和技术要求出发,划分交会任务为如下几种类型:

1）释放和捕获

从任务规划的角度而言,释放和捕获是最简单的交会任务类型。追踪航天器释放目标到几千米至几十千米处,然后再接近捕获目标航天器。美国航天飞机早期的交会对接的飞行试验任务即是此种类型,日本的ETS-7交会对接也是释放和捕获型。

2）空间启动交会

空间启动交会是指追踪航天器和目标航天器启动交会时均在空间轨道上。基于空间的交会通常难以保证满足初始轨道共面和初始相位角要求,当初始轨道非共面时将会带来巨大的燃料消耗。为了避免大的异面机动,通常要求一个长的滑行段,利用地球引力场摄动引起的升交点赤经漂移,使轨道面自然演化到共面。轨道机动航天器（Orbital Maneuvering Vehicle,OMV）和轨道转移航天器

(Orbit Transfer Vehicle,OTV)执行的交会任务通常属此种类型。

3）地面启动交会

地面启动交会是指追踪航天器启动交会对接任务时从地面发射,目标航天器在空间轨道上。这也是目前实际执行最多的交会对接任务。追踪航天器发射时应尽可能瞄准虚拟目标平面,以保证两航天器交会时升交点经度、轨道倾角一致,从而最大限度地减小轨道平面修正控制量。俄罗斯"联盟"/"进步"号飞船交会对接、美国的"双子星座"号交会对接、"阿波罗"登月飞船交会对接,美国航天飞机的大部分交会对接,以及我国神舟载人飞船/天舟货运飞船交会对接均属此类。不加特别注明,人们通常所说的交会对接也即是指此类交会对接。

4）多次交会

多次交会是指在一次飞行任务中,追踪航天器同多于一个目标航天器完成交会对接。一个简单的多次交会的例子就是航天飞机捕获一个卫星,然后将它转移到空间站。简单的多次交会在"双子星座"和航天飞机的飞行任务中,以及"联盟" – T15 飞船与"和平"号空间站、"礼炮"七号空间站的多次交会对接中都实现过。此外,美国的 XSS – 11 飞行试验也进行了多次交会对接飞行任务。

5）往返交会

往返交会是多次交会任务的特例,特指追踪航天器在完成交会任务后重新回到基站。追踪航天器通常是一个轨道机动服务器,基站可能包括空间站、航天飞机等,交会任务通常用来捕获和维修有效载荷。

6）合作/非合作目标交会

根据目标器是否合作分类,通常可以将交会对接分为两类,即合作目标交会对接和非合作目标交会对接。目标器的合作主要指测量敏感器的合作,同时也可以包括目标器为交会对接进行的轨道配合等,以减少追踪器的机动任务负担。载人航天器的交会对接大都是合作目标交会对接。非合作目标交会是在交会过程中,目标器不主动向追踪器提供任何信息支持,同时也不通过主动机动方式配合交会过程,与交会相关的测量及控制参数需通过追踪器或追踪器地面测控系统获取。

2. 交会对接轨道

根据交会对接所处的空间环境,可以将交会对接飞行任务和飞行轨道大致划分为 3 种类型,即近地轨道交会对接、地球同步轨道交会对接和月球/行星轨道交会对接。

1）近地轨道交会对接

截至目前,人类进行的交会对接飞行绝大部分是在近地轨道完成的。美国的"双子星座"飞船、航天飞机,俄罗斯的"联盟"和"进步"系列飞船,以及我国神舟载人飞船/天舟货运飞船完成的交会对接均是在近地轨道完成的。在近地轨道进行交会对接有4个典型的任务需求：①突破和掌握交会对接技术；②建造大型的空间站；③航天员轮换、运输燃料和设备，取回空间试验产品或样品；④释放、回收和维修卫星。

美国和俄罗斯为了掌握交会对接技术，在近地轨道进行了多次无人和载人的交会对接飞行试验。对建造大型的空间站来说，需要通过运载工具多次发射各种舱段，然后组装成大型空间站，如苏联20世纪80年代发射和组装的"和平"号空间站，以及由美国、俄罗斯、欧洲、日本等多个国家或组织参与组装的国际空间站。空间站长期在轨运行时，需要定期轮换航天员，补充燃料消耗和生活必需品，以及更换设备和取回试验产品或样品。美国航天飞机执行交会对接任务完成了多次卫星捕获和维修任务。

2）地球同步轨道交会对接

在地球同步轨道进行交会对接主要用于组装大型通信平台，此外还包括一些需要更换陈旧设备、加注燃料和维修等轨道服务活动。

3）月球/行星轨道交会对接

有些特定或星际飞行任务需要在月球/行星轨道之间进行交会对接或者仅需要交会。例如，"阿波罗"飞船登月舱返回环月轨道，然后与指挥舱交会对接。未来实施载人火星探测任务，需要像"阿波罗"飞船登月类似的飞行程序，在火星轨道上进行交会对接。此外，行星轨道交会任务还包括飞行器与行星之间的交会，如1975年发射的"海盗"空间探测器，先与火星进行交会，然后在火星表面软着陆。由于信号传输延迟方面的原因，在其他行星进行交会对接，无法获得地面的实时支持，通常需要实现自主交会对接。

3. 交会对接方式

根据交会对接控制的自动和自主程度，通常可以将其分为下列4类：①遥控操作，由地面站操作员或目标航天器上的航天员通过遥测和遥控来实现；②手动操作，航天员利用船载设备进行观察和操作；③自动控制，不依靠航天员，由船载设备和地面站相结合实现交会对接；④自主控制，不依靠地面站，完全由船载设备来实现。这种自主控制方式，航天员可参与。若航天员不参与，则是自动自主方式，它在技术上比较复杂。上述4种方式有各自的特点和使用范围，已实现的交会对接通常包含了多种控制方式。对于两个航天器相距较近的控制来说，美国从"双子星座"号开始就主要采用手动操作，并一直沿用到航天飞机的交会对接中，俄罗斯的"联盟"号和"进步"号、欧洲航天局自动转移飞行器ATV则主要采用自动控制方式。目前，我国神舟载人飞船主要采用手动操作方式或自动控制方式，天舟货运飞船则主要采用自动控制方式或自主控制方式。

　　根据对接方向的不同,交会对接通常可划分为 – V-bar(后向)、+ V-bar(前向)、R-bar(径向)对接以及其他特定逼近方向对接。– V-bar 与目标航天器速度方向相反,+ V-bar 与目标航天器速度方向一致,R-bar 由目标航天器指向地心。不同的对接口方向必然会要求截然不同的逼近段轨道,相应地会带来交会轨道、交会对接传感器安装(包括目标和追踪)以及制导控制系统的不同,可以作为区分不同交会对接任务的标准。美国的航天飞机为了适应不同的任务需求,具备在 – V-bar, + V-bar 和 R-bar 三个方向进行对接的能力。在与国际空间站对接中,航天飞机主要采取 + V-bar 对接方式,"联盟"号、"进步"号和欧洲航天局自动转移飞行器 ATV 主要采取 – V-bar 对接方式。

1.1.3　交会对接技术发展趋势

　　美国多次成功实施"阿波罗"登月,俄罗斯"和平"号空间站长期稳定运行,航天飞机与"和平"号空间站的对接飞行,表明美国和俄罗斯已经熟练掌握了载人交会对接技术。国际空间站的建造、组装与投入使用,充分利用了已有成熟技术,并实现了多国航天器之间的交会对接,推动交会对接技术达到了更高水平。在交会对接技术发展初期阶段,由于微电子、信息技术、激光和光学成像技术还不发达,这种复杂在轨操作技术主要依靠航天员,并辅以地面在有限时间的遥控。如今世界高技术正在迅猛发展,空间活动越来越频繁,今后空间交会对接将成为例行和常规的在轨操作技术。考虑技术进步和经济效益因素,交会对接技术发展趋势如下:

　　1) 交会对接向自动自主化方向发展

　　根据美国和俄罗斯所走的道路,航天员直接操作交会对接往往需要花费他们许多宝贵的时间,从几个小时到几天,劳动强度很大,而且利用航天员目视进行对接操作的窗口还受光照条件的严格限制。但是,手动操作交会对接仍然是自动交会对接的必要补充,可以在自动系统失灵的情况下保证交会对接的顺利进行。此外,交会对接如果不能自主进行,则需要分布很广的地面站及大量地面工作人员。这种分布很广或全球分布的地面站,在经济和管理方面都要付出巨大的代价,同时也不是当今技术发展的方向。

　　2) 交会对接向标准化方向发展

　　从当今航天事业发展的趋势看,因航天事业耗资巨大,通常需要充分利用国际上的资源和力量。为了各个国家能够共同合作,必须研究交会对接技术的国际标准。事实上,美、日、欧洲等国家和地区在决定建立国际空间站之前,就已经着手开发交会对接技术的国际统一标准并取得了一定成果。

　　根据以上分析,无论从需要还是可能,未来的交会对接将在全球导航系统和数据中继卫星支持下,越来越向自动自主交会对接方向发展,向标准化方向发展。同时,在载人航天交会对接中,航天员手动操作仍然是自动操作的必要补充。

1.2　交会对接发展概况

美国和苏联从 20 世纪 60 年代初开始研究交会对接技术,截至目前,除美国和俄罗斯继续大力发展交会对接技术外,欧洲、日本和中国也在积极开展交会对接技术的研究工作。交会对接的里程碑事件如下:1962 年,苏联发射载有波波维奇中校的"东方"4 号飞船上天,该飞船与"东方"3 号实现了航天器在太空的首次交会飞行。1966 年,美国发射载有阿姆斯特朗和斯科特的"双子星座"8 号,绕地球飞行 6.5 圈,首次实现载人飞船与阿金纳火箭第三级的对接。1967 年,苏联发射"宇宙"188 号无人飞船,飞行 49 圈时与"宇宙"186 号飞船在太空实现自动对接,完成首次无人空间交会对接。1969 年,苏联发射载有沙塔洛夫的"联盟"4 号飞船升空,1 月 16 日与"联盟"5 号对接成功,实现了首次载人空间交会对接。1975 年,苏联的"联盟"19 号飞船与美国的"阿波罗"飞船对接成功,实现了两个国家的太空握手。1998 年,俄罗斯研制的"曙光"号功能货舱与美国研制的节点舱对接成功,标志着交会对接技术已经步入成熟的运用阶段。欧洲航天局于 2008 年 3 月成功进行了 ATV 与国际空间站的交会对接,中国于2011 年成功实施首次交会对接任务。

下面分别介绍美国、俄罗斯(苏联)、欧洲、日本、中国的主要交会对接任务实施及交会对接技术发展概况。

1.2.1　美国

美国通过实施"双子星座"号、"阿波罗"、天空实验室、航天飞机、国际空间站、自主交会技术演示验证(DART)、试验卫星系统(XSS)、轨道快车(Orbital Express)、乘员探索飞行器等任务,突破和掌握了交会对接技术。

1. "双子星座"号

美国的空间交会对接技术始于 20 世纪 60 年代的"双子星座"号(Gemini)计划,"双子星座"号用来发展"阿波罗"登月任务需要的交会对接等相关技术。1964—1966 年,美国共进行了 2 次不载人和 10 次载人飞行,主要目的是进行轨道机动飞行、交会、对接、航天员舱外活动等。

美国于 1965 年首次实现了载人交会,即"双子星座"号 6A 与"双子星座"号7 交会(图 1 - 1),交会后在 30 ~ 90m 范围内悬停飞行了 3 圈,然后撤离到约

48km 处进行编队飞行,直到"双子星座"号6A 开始再入。"双子星座"号6A 原计划与阿金纳(Agena)进行对接,但是阿金纳发生了爆炸,因此 NASA 决定采用"双子星座"号 7 作为目标器进行交会。

1966 年 3 月,美国首次实施交会对接,将发射"双子星座"号飞船的阿金纳火箭第三级作为目标器,"双子星座"8 号飞船作追踪器,如图 1 - 2 所示。对接 30min 后,飞船失去控制开始旋转,地面上的控制人员担心这种急剧的旋转会导致航天员失去知觉。斯格特和阿姆斯特朗(后来的登月第一人)设法维持在清醒状态,并采取措施使"双子星座"8 号脱离了阿金纳火箭。但情况变得更糟,飞船旋转的更快了,达到每秒 1 圈的速度。10min 后,技术人员启动了一个推进器,才使飞船停止了旋转。

 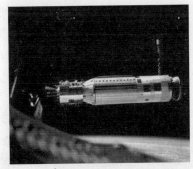

图 1 - 1　从"双子星座"号 7 上看到的 　　　图 1 - 2　从"双子星座"号 8 上看到的
　　　　　　"双子星座"号 6A 　　　　　　　　　　　　　　阿金纳火箭第三级

"双子星座"号采用微波交会雷达作为测量敏感器。阿金纳火箭上安装了一个雷达应答机,用来应答"双子星座"号上的交会雷达信号。阿金纳对接机构上安装了两个高亮度的闪光灯,以帮助"双子星座"号上的航天员进行对接操作。对接机构为"锥 - 环"结构形式,它由一个捕获环和一个对接锥组成。捕获环装在"双子星座"飞船的通道口上,阿金纳火箭尾部装一个具备吸收冲击力的对接锥。对接采用自动和航天员手动两种操作,对接后形成航天员通道。

"双子星座"号的制导控制系统分为航天员显示、敏感器和计算机系统、控制系统三部分。敏感器和计算机系统中的交会雷达采用干涉测量原理,能够测量 450km ~ 150m 范围的相对距离和方位,90km ~ 6m 范围的速率信息。这些测量信息与姿态角、姿态角速率、中段校正需要的速度冲量等信息一起传送给航天员。当"双子星座"号与阿金纳火箭足够近时,航天员利用飞船上显示的测量信息及从"双子星座"号窗户的观察,采用控制手柄完成交会对接。在接近程度为 60m ~ 15m 时,交会雷达不再能提供足够精确的距离信息,此时航天员将主要依赖自己从窗口看到的图像进行操作控制。

2. "阿波罗"计划

美国"阿波罗"计划进一步发展了空间交会对接技术。"阿波罗"飞船登月往返飞行一趟,需要在空间进行两次交会对接,第一次是奔月飞行途中指挥服务舱(Command Service Module)与登月舱(Lunar Module)对接,第二次是登月舱从月面返回月球轨道与指挥服务舱交会对接。

登月舱上的两名航天员参与从月面起飞到对接的全过程。登月舱与指挥服务舱的交会对接过程与"双子星座"号非常类似,制导控制系统包括制导数字计算机、惯性测量单元(IMU)、IMU校准的光学设备、微波交会雷达,交会雷达测量范围为740km～24m。

"阿波罗"飞船对接机构采用一种"栓－锥"结构形式。栓装在"阿波罗"飞船指挥服务舱的通道里,锥装在登月舱通道内。当航天员从指挥舱进入登月舱时,要人工拆卸对接栓和导向锥结构,并移出通道。"阿波罗"飞船对接机构不具备互换性能,也就是说追踪航天器与目标航天器的对接面和对接机构不同。

从1969年成功发射"阿波罗"11号飞船(图1－3、图1－4)到1972年为止,美国相继7次发射"阿波罗"登月飞船,其中6次登月成功。这说明阿波罗飞船所使用的交会对接设备和技术是可靠的。

图1－3 "阿波罗"11号飞船　　　　图1－4 "阿波罗"11号飞船登月舱
准备与指挥舱对接

3. 天空实验室

继"阿波罗"飞船登月之后,美国在1973年又成功发射了天空实验室(Skylab),这是美国第一个实验性空间站。为进行空间站航天员轮换,美国同年先后发射了3艘"阿波罗"飞船与天空实验室进行交会对接(图1－5)。天空实验室专门设有一个对接舱,称为多用途对接舱,该舱能同时提供两个对接口,一个沿纵轴方向,另一个在侧面。此外,该舱可以同时作为实验设备和胶卷盒等物品的储藏室。

天空实验室对接机构基本上和"阿波罗"登月所使用的对接机构一样,但是在对接技术上有两大发展:首先对接口有两个,天空实验室设计上要考虑同时接受两个航天器的连接;其次,天空实验室是一个多体组合航天器,它由轨道舱、过渡舱、多用途舱、多用途对接舱和大型挠性太阳望远镜以及"阿波罗"飞船五大部分组成,在交会对接过程需要考虑多体和挠性动力学的影响。

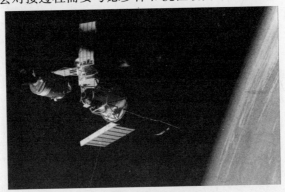

图 1 - 5 "阿波罗"飞船与天空实验室对接

4. 航天飞机

1984 年,美国总统里根正式下令研制永久性载人空间站,此后邀请了加拿大、欧洲及日本等盟国参加空间站的建设,该空间站即"自由"号空间站,也是现在的国际空间站的原型。实现航天飞机和国际空间站交会对接,是开展国际空间站(图 1 - 6)建设的重要基础。

在航天飞机和国际空间站的交会对接任务中,美国继承了"阿波罗"飞船和天空实验室手动操作交会对接成熟的经验,仍采用手动为主的控制策略。地面控制航天飞机到相距目标器 74km 处,从这一点开始,绝大部分的机动依赖航天飞机上制导、导航与控制系统或航天员手动执行。航天飞机的制导、导航与控制(GNC)系统与"阿波罗"号相似,包括制导数字计算机、IMU、IMU 光学校准设备、微波雷达相对测量设备。微波雷达包括主动和被动两种模式:在主动模式中,目标器必须安装一个用于应答交会雷达信号的应答器,这种模式下测量范围为 555km ~ 30m;在被动模式中,交会雷达的信号是直接被目标器反射的,这种模式下测量范围为 22km ~ 30m。

除上述交会对接设备外,航天飞机还采用了另外 3 种设备用于交会对接。

第一种是轨迹控制敏感器(Trajectory Control Sensor,TCS),它是一个安装在航天飞机载荷舱的激光测距设备,可以测量 1.5km~1.5m 范围内的距离、距离变化率、相对目标器的方位信息。第二种设备是固定在对接机构中心的摄像机,它可以提供 90m 距离内的图像,辅助航天员对接操作。第三种设备是手持激光测距设备,它可以作为距离和距离变化率的辅助测量设备。

由于受美国航天飞机结构形式的限制,航天飞机和国际空间站采用径向(R-bar)对接方式。美国之前进行的对接都是水平方式的(或称为轴向),这种对接方式的优点是对接受力近轴线、邻质心,具有较小的干扰力矩,这对航天器姿态稳定和控制大有好处。而垂直对接方式,由于对接时冲击力作用点偏离航天飞机的质心,将产生旋转力矩,这对交会对接姿态控制和稳定将带来不利的影响。

图 1-6   国际空间站 ISS

1.2.2   俄罗斯(苏联)

经历"东方"号飞船、"礼炮"号空间站、"联盟"号飞船、"和平"号空间站、国际空间站等任务后,俄罗斯的交会对接技术得到长足发展。俄罗斯(苏联)是世界上进行交会对接活动最多的国家。无人航天器自动交会对接首先由苏联于 1967 年实现。俄罗斯(苏联)航天器交会对接主要采取自动方式,航天员只需要监视交会对接状况,并对故障情况进行处置。到目前为止,俄罗斯自动交会对接技术水平一直处于世界领先地位。

1.   飞船交会对接

1962 年,航天员尼古拉耶夫乘"东方"(Vostok)3 号飞船(图 1-7)进入地球轨道,这次飞行持续了近 4 天。"东方"3 号入轨第二天,"东方"4 号飞船搭载波波维奇也进入了地球轨道。两艘飞船的轨道非常相似,两者相距仅 6.5km。由于飞船具备机动能力,两飞船一同进行了编队飞行,为后续的交会对接积累了经验。在此次飞行中,他们进行了重要的生物医学实验,并在飞船舱内飘浮移动,而后两艘飞船先后安全返回地面。

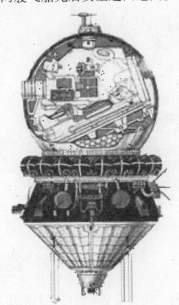

图 1-7 "东方"号飞船

1967 年,"宇宙"186 和"宇宙"188 实现了世界上第一次无人航天器自动交会对接。1969 年,苏联发射载有沙塔洛夫的"联盟"4 号飞船升空,与"联盟"5 号对接成功,完成了苏联首次载人航天器的交会对接(图 1-8),而后,"联盟"5 号飞船上的航天员阿·斯·叶利谢耶夫和依·弗·赫鲁诺夫身着舱外用航天服太空行走到弗·阿·沙塔洛夫乘坐的"联盟"4 号飞船上。此次交会对接采用手动和自动结合的方式,航天员根据交会雷达测量的距离、相对速度和光学瞄准器来机动飞行,通过改变两个航天器的距离实现交会。飞船姿态是根据姿态敏感器和速率陀螺测量信息实现自动控制。对接机构采用杆锥式结构,一艘飞船在对接面装有接收锥,另一艘飞船在接收面装有碰撞杆。在航天器最后接近时,碰撞杆渐渐指向接收锥内,接收锥将杆锥锁定,然后收缩对接杆长度,最后在结构上实现刚性连接。这种对接机构的特点是:能吸收两航天器对接相碰和相互振动所产生的能量,但不同时具备主动和被动功能,即两个对接面机构不能互换,在空间活动中难于实现营救。当赫鲁诺夫操纵"联盟"5 号返回地面时,发生了意外,"联盟"5 号无法分离附在隔热层上的仪器模块,这使得飞船不断翻转。最后,防护最薄的鼻端朝前进入大气层,浓烟开始进入坐舱,赫鲁诺夫认为自己已

11

经在劫难逃,拼命记录下有用的数据。但在进入大气层的猛烈冲击下,仪器模块奇迹般地剥离了飞船,"联盟"5号得以恢复正常。尽管降落伞发生了小故障,但赫鲁诺夫还是在偏离预定着陆地点1200英里①的地方安全着陆。

图1-8 沙塔洛夫在示意"联盟"5号与"联盟"4号的对接过程

"联盟"号飞船(图1-9)交会对接方式采用了视线平行交会,这种过程有手动和自动两种方式。若采用手动方式,则航天员借助电视摄像机和光学瞄准器,以目视方式,手动操作轨道和姿态控制执行机构实现交会对接。若采用自动对接,则需额外增加几种天线,获得所需要的相对位置和姿态变化信息。该自动交会对接控制方式经过"联盟"号系列飞船试验、应用和发展,形成了苏联的主要交会对接技术,一直沿用至今。

图1-9 "联盟"号飞船

---

① 1英里=1.6km。

12

2. "礼炮"号空间站

从 20 世纪 70 年代开始，苏联的载人航天进入以空间站为主体的研究、试验新阶段。通过对前期杆锥式结构进行改进，发展了可移开的杆锥式对接机构，实现了对接后的密封连接并形成航天员来往通道。这些针对空间站的交会对接活动，将交会对接技术推进到了新的水平。

1971 年，苏联发射了世界上第一个空间站——"礼炮"1 号，"联盟"10 号和"联盟"11 号两艘飞船与该空间站进行了对接。截至 1982 年，苏联总共发射了 9 个空间站，即"礼炮"1 号到 7 号，以及"宇宙"557 号和"宇宙"1443 号两个航天器。"礼炮"1 号到"礼炮"5 号属于第一代空间站，称为试验性空间站，这种空间站只有一个对接口，是单模块的，无法进行专门补给。"礼炮"6 号到"礼炮"7 号为第二代空间站，称为简易空间站，这种空间站主要改进是在单模块的舱段上有两个对接口，其中一个对接口与用于物资补给的"进步"号货运飞船对接。

苏联在第一代和第二代空间站的 11 年期间，共进行了约 70 次交会对接。其中，"礼炮"6 号与各种航天器进行过 32 次交会对接，"礼炮"7 号空间站与各种航天器进行了 25 次交会对接。由于对接技术不够成熟，1971 年至 1984 年 10 月底，先后有 5 艘"联盟"号飞船与"礼炮"号空间站对接失败。

3. "和平"号空间站

1986 年 2 月，苏联成功发射了"和平"号空间站，它属于第三代空间站。"和平"号空间站是一种多模块组合式空间站，包括核心舱、"量子"-1 号、"量子"-2 号、晶体舱、光谱舱和自然舱等 6 个舱段及"联盟"TM 载人飞船和"进步"M 货船。它有 6 个对接口，分布在前端对接舱的有 5 个对接口，一个在轴向最前端，其余 4 个分布在侧向（上下和左右），后端还有一个轴向对接口。其轴向和径向对接口主要用于飞船对接停靠，侧向对接口则主要用于舱段长期停靠。"和平"号空间站侧向对接方案要求航天器必须先实现轴向对接，再通过专门机构转位到侧向对接口从而实现侧向对接。这个专门机构是装在航天器头部的一个小机械臂，它可以绕固定轴转动，臂前端有一个对接头，与这个对接头相匹配的是一个对接插座，对接插座安装在需要对接的航天器头部。"和平"号空间站实现侧向对接的主要流程：①在前端实现轴向对接；②把机械臂对接头连到对接插座；③收缩机械臂，脱开已实现轴向对接的航天器；④机械臂慢慢把航天器转动 90°，将它对准侧向对接口，然后实现再对接。根据"和平"号的经验，这个过程大约需 90min。其侧向对接过程如图 1-10 所示。

"联盟"/"进步"号利用 Kurs 雷达系统与"和平"号空间站对接，主要过程是："和平"号从装在太阳帆板末端的半球覆盖域的天线发出射频信号，追踪器采用装在万向节的 0.5m 直径的碟形天线搜索这个信号，天线系统可以在

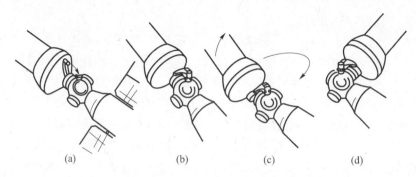

(a)　　　　(b)　　　　(c)　　　　(d)

图 1 – 10　"和平"号空间站的侧向对接过程

200km 远处探测到这个信号。一旦探测到,万向节将调节天线对准"和平"号。此时,射频信号将关闭。追踪器利用应答信号的延时确定距离,利用多普勒频移确定距离变化率。利用该测量信息追踪器接近"和平"号到 200m 距离内。在 200m 距离处,追踪器将执行绕飞,直到固定在对接口上的 3 个对接天线发出的信号都被收到。"和平"号上的每个对接口都有 3 个类似的天线。"和平"号上的应答器开始用这 3 个天线中的一个来提供距离和距离变化率信息,相对姿态信息也从 3 个天线的应答信号中获得。追踪器继续接近,在 20m 处,相对姿态信息将不再能够从对接天线的信号获得,将主要采用速率陀螺的姿态测量信息输出。通过关闭"和平"号上的被动设备,可终止自动交会对接程序,追踪器将自动撤退。当"联盟"号作为追踪器时,可以采取航天员手动操作完成对接;若"进步"号作为追踪器,也可以采取手动操作对接,只不过进行操作的是"和平"号上的航天员或地面控制人员。

1993 年,美国、欧洲航天局、日本和加拿大等国正式接受俄罗斯为空间站的合作伙伴,俄罗斯成为国际空间站的一员,并在其中发挥着重要作用。为验证航天飞机和空间站对接方案,研究航天飞机靠近空间站的途径,降低技术风险,1995—1998 年,美、俄两国完成了航天飞机和俄罗斯"和平"号空间站的 9 次对接飞行。

当航天飞机接近和平号空间站时,交会雷达开始跟踪和平号并测量距离、距离变化率和方位。同时,航天飞机上的航天员开始采用 VHF 同"和平"号上的航天员进行空空通信。当航天飞机距离"和平"号足够近时,轨迹控制敏感器 TCS 开始提供距离、距离变化率和方位的导航信息,同时航天员利用手持激光设备进行辅助测量。在 90m 内时,利用对接机构上的摄像机图像,对准"和平"号的对接机构。在相距约 9m 时,进行悬停,调整对接机构,位于 NASA 约翰逊航天中心和莫斯科的飞行控制人员将决定是否靠近。

1995 年 2 月 3 日 17 时 22 分(格林尼治时间),美国的"发现者"号航天飞机从肯尼迪空间中心发射升空。2 月 6 日 17 时 30 分,"和平"号空间站上的航天员进行了空间姿态机动操作,使空间站的晶体舱对接口朝向航天飞机方向。在 18 时,航天飞机位于空间站下方约 910m 处,航天员开始操纵航天飞机进入姿态机动,使航天飞机进入 ±8°锥角交会走廊,以 3cm/s 低速缓慢地向"和平"号晶体舱接近。在接近过程中,一名航天员使用手控装置,调整航天飞机与空间站三轴的相对距离,由机上自动驾驶仪保持航天飞机的姿态稳定(指向精度 ±3°)。另一名飞行任务专家则通过星上计算机,观察由计算机所提供的航天飞机制导和导航信息,并操纵两台激光测距仪及一台手持测距装置。第三名航天员将另一台摄像机置于航天飞机空间居住舱的窗口,从另一角度观察航天飞机与"和平"号空间站的相对位置和姿态。2 月 6 日 19 时 20 分,36m 长的"发现者"号航天飞机到达距"和平"号空间站最近的距离(11.3m),实现了在轨道高度为 340/400km 范围内航天飞机与和平号空间站进行最短距离的交会飞行,这也是美国航天飞机与"和平"号的首次交会飞行。

1995 年 6 月 27 日 19 时 32 分,亚特兰蒂斯号航天飞机发射升空。28 日 10 时 45 分,美国地面站对"和平"号空间站进行精确测轨。当两个航天器相距 180km 时,航天飞机采用 VHF 与"和平"号联系;相距 65km 时,机上交会雷达捕获到了"和平"号空间站。29 日 8 时,两者相距 15km 时,航天飞机的 4 个小推力发动机开始自主导航制导;29 日 9 时 30 分,进入最后逼近阶段;29 日 10 时 40 分,"和平"号空间站调整姿态;11 时 25 分,航天飞机飞抵"和平"号空间站下方 910m 处,然后进入 +V-bar 对接走廊。在距目标器 800m 时改为航天员手动操作。12 时 55 分,两个航天器对接机构接触,接着由航天飞机助推了 2.7s 以后压紧对接机构。在对接操作过程中,计算机系统和所有测量仪器(包括激光测距仪)为航天飞机机长及时提供了精确制导和导航测量信息。为了让航天员掌握这次交会对接操作技术,飞行前在地面对航天员进行了长达 500h 以上的地面仿真操作培训。对航天飞机上的其他航天员的仿真操作培训累积起来也超过上千次。航天飞机与"和平"号空间站对接的操作培训仿真使用虚拟交会对接技术,使人控交会对接达到了相当完美的程度。这是美国航天飞机首次与"和平"号实现对接,如图 1 - 11 所示。

除通常的直接对接方式外,国际空间站还采用了间接对接方式,即将需要对接的航天器停泊在空间站附近预定位置,然后由空间站机械臂抓捕,按设备组装方式进行对接,这样可以降低交会对接过程中与空间站发生碰撞的风险。为此进行对接的航天器需要解决在空间站附近预定地点停泊问题,并能保持与空间站相对位置和姿态稳定。由于空间站机械臂长度有限(只有 10 多米),而进行对接的航天器和空间站结构复杂,结构外形和质心在不断变化,停泊时需要高精

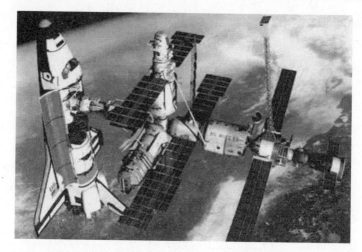

图 1-11　美国航天飞机与"和平"号空间站对接

度保持位置和姿态稳定。

1.2.3　欧洲

为建立自主的载人航天系统计划,1987 年 11 月,欧洲航天局正式批准了总投资高达 220 亿美元的阿里安(Ariane)5 运载火箭、"使神"号(Hermes)航天飞机和"哥伦布"(Columbus)空间站 3 项载人航天计划。阿里安 5 火箭和"使神"号航天飞机构成欧洲的天地往返运输系统,"哥伦布"空间站计划包括对接在"自由"号空间站上的哥伦布实验舱、有人照料的自由飞行实验室和极轨平台 3 个单元。为了实现这些计划,欧洲航天局对自动交会对接技术开展了深入研究,但由于经费超支等原因,"使神"号航天飞机和"哥伦布"空间站计划相继取消。

"使神"号航天飞机取消后,欧洲航天局开始为国际空间站研制用于后勤补给的自动转移飞行器(ATV)。ATV 采用与俄罗斯"进步"号货运飞船完全相同的对接机构。ATV 的 GNC 系统包括 3 个 IMU 组件:两个用来进行绝对和相对导航的 GPS 接收机;一个用来得到相对位置和姿态信息的激光交会敏感器(Rendezvous Sensor,RVS)。两航天器相距 250m 之外,主要采用相对 GPS 导航技术,在最后阶段由于遮挡和多径效应的影响不能采用 GPS,将利用激光交会敏感器。激光交会敏感器固定在 ATV 前端,发出 905nm 波长的激光,6 个反射器被固定在目标器上,激光交会敏感器利用接收到的反射信号可以在 200m 范围内得到距离、距离变化率和方位信息,在最后 40m 范围内得到相对姿态和相对姿态变化率信息。

由于相对 GPS 和激光交会敏感器在交会对接中还是首次应用,因此在 ATV 正式飞行前安排了 3 次飞行试验进行测试。在 1996 年 11 月到 12 月的航天飞机 STS - 80 任务中,德国宇航局(DARA)的 Orfeus - Spas 卫星从航天飞机的载荷舱中释放,它安装了 GPS 接收机和目标反射器,另一个 GPS 接收机和约翰逊中心的轨迹控制敏感器 TCS 被固定在航天飞机上。GPS 接收信号被记录下来,并在飞行后处理得到相对 GPS 结果,并与 TCS 的测量结果进行对比。在 1997 年 5 月的航天飞机 STS - 84 任务中,"和平"号空间站上固定了 GPS 接收机和目标反射器,航天飞机上安装了 GPS 接收机、TCS 和 ESA 的激光交会敏感器。相对 GPS 数据和激光交会敏感器的测量数据与 TCS 测量结果进行了对比。1997 年 9 月的航天飞机 STS - 86 任务中,也进行了与 STS - 84 类似的试验。

ATV 从入轨到与国际空间站对接共需 5 天时间,飞行过程为:首先阿里安 5 火箭携带 ATV 发射进入高度为 300km、倾角为 51.6° 的转移轨道;接着在位于法国图卢兹的欧洲控制中心的操作下,飞船导航系统开始工作,通过推进器点火轨道机动,ATV 送入另一条转移轨道;经过接下来 3 天的轨道调整,飞船进入国际空间站的视线内,这时与国际空间站的水平距离为 30km,垂直距离为 5km;最后,飞船上的计算机开始发出逼近机动指令,ATV 慢慢靠近国际空间站,直到与国际空间站对接。

ATV 具有自动交会对接能力,与国际空间站对接时不需要航天员或地面操作人员的干预。当 ATV 准备对接时,飞船上的高精度导航系统将引导飞船自动与空间站的俄罗斯服务舱对接。如果在最后的几分钟内出现问题,飞船上的计算机或空间站上的航天员能够启动一个预先编制的防撞机动程序,执行防撞机动,从而增加了飞船的安全系数。

ATV 原计划于 2003 年发射,但首次飞行一再向后延迟。后计划于 2006 年 5 月发射,但由于系统精确度引起的对接软件故障又将发射推迟至 2007 年,并花费 3300 万美元重新进行了软件设计及试验。ATV 没有手动的交会及对接装置,因此欧洲航天局不得不设计一种可自主备份的容错系统。2008 年,首艘 ATV 发射并成功与国际空间站对接,首次飞行的 ATV 被命名为"凡尔纳"飞船。欧洲自动转移飞行器 ATV 飞向国际空间站情况如图 1 - 12 所示。

1.2.4 日本

研究 H - 2 转移飞行器(H - Ⅱ Transfer Vehicle,HTV)是日本在国际空间站项目中承担的重要任务,HTV 用于国际空间站的补给,日本为此独立研制了一套交会对接系统。1976 年,日本国家航天研究所(ISAS)和日本宇宙开发事业团(NASDA)便开始交会对接的研究工作。NASDA 在 1997 年 11 月 28 日发射了工

图 1 - 12　欧洲自动转移飞行器 ATV 飞向国际空间站

程试验卫星 - Ⅶ(Engineering Test Satellite Ⅶ, ETS - 7),ETS - 7 由追踪星和目标星组成(图 1 - 13、图 1 - 14),入轨后分离。此次演示的主要任务有 3 项:①自主自动空间交会对接飞行试验;②空间机器人技术试验;③通过数据中继卫星对多星测控。1998 年 7 月 7 日,ETS - Ⅶ经在轨功能检测后成功进行了首次自主交会对接试验,验证了对接/捕获阶段(0～2m)的自主交会对接技术。1998年 8 月 7 日进行了第 2 次交会对接试验,在这次试验中发生了姿态异常。8 月27 日,追踪星和目标星成功实现交会,在轨验证了最后逼近段(0～500m)和接近段(500m～9km)自主交会对接技术。交会对接期间,追踪星与目标星相距 0～12km 时不仅使用了激光交会雷达,而且还使用了 GPS 相对导航,通过这些在轨试验,验证了从相对接近到对接过程自主交会对接技术的可行性。

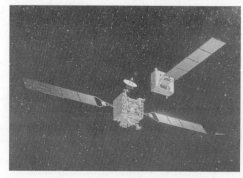

图 1 - 13　ETS - Ⅶ试验的
追踪星和目标星

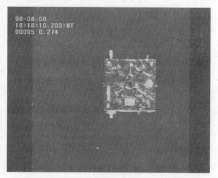

图 1 - 14　ETS - Ⅶ交会对接
试验照片(两卫星相距约 10m)

　　HTV 飞船全长超过 10m(含发动机),最宽处的直径超过 4.4m,总质量为10.5t,运输能力达 6t。该飞船由日本自行研制的 H - 2B 型运载火箭发射升空。

HTV 飞船在轨道的飞行时间可达到 100h,采用停靠后机械臂抓取方式与国际空间站上的日本空间实验舱进行对接(图 1 - 15),与国际空间站对接后它能够在轨道工作长达 30 天。HTV 在远距离时采用相对 GPS 导航,近距离时采用欧洲交会敏感器(Rendezvous Sensor,RVS)导航。

图 1 - 15   日本 H - Ⅱ 转移飞行器 HTV

日本交会对接系统的总体方案设计中,充分考虑了利用 GPS 导航和地面遥控功能。GPS 导航系统方案如下:在追踪器和目标器上均装有 GPS 接收机,它们接收相同的 GPS 卫星所发射的信号。目标器上的 GPS 接收机(T/GPS)所测量的伪距和伪距变化率,通过追踪器和目标器之间的通信链路传送到追踪器的 GPS 接收机(C/GPS)中。然后 C/GPS 对追踪器和目标器上的 GPS 接收机测量数据进行处理。通过扩展卡尔曼滤波(EKF)估计出两航天器之间的相对位置和相对速度。其相对位置估计误差可小于 20m。地面遥控功能是出于如下考虑:①在日本航天器与国际空间站的交会对接接近操作阶段,特别是最后靠近国际空间站遥控机械臂的停泊点时,遥控能力是对任何要向国际空间站停靠的不载人航天器的首要要求;②在日本交会对接任务中,遥控是自动驾驶功能的备用手段,这样系统既具有可靠性,又有灵活性。

1.2.5   中国

1992 年 9 月,中央决策实施载人航天工程,并确定了我国载人航天“三步走”的发展战略:第一步,发射载人飞船,建成初步配套的试验性载人飞船工程,开展空间应用试验;第二步,突破航天员出舱活动技术、空间飞行器交会对接技术,发射空间实验室,解决有一定规模的、短期有人照料的空间应用问题;第三步,建造空间站,解决有较大规模的、长期有人照料的空间应用问题。

在完成第一步任务的同时,我国载人航天工程设计了体现创新和跨越发展的载人航天空间交会对接工程技术方案:一是对神舟载人飞船进行全面的可靠性安全性设计改进和完善,增加交会对接功能,研制功能完备、性能先进的改进型神舟载人天地往返运输飞船;二是以空间实验室为技术目标,研制8t级天宫一号目标飞行器,既可完成交会对接技术验证任务,又具备支持航天员中短期驻留,开展空间科学试验和技术试验、空间站关键技术验证三大能力,为空间站建设同步积累经验;三是新研运载火箭控制分系统、改进完善其他分系统设计,大幅提高入轨精度,提高运载能力和飞行可靠性;四是提高、完善和优化地面支持和保障能力。通过天宫一号目标飞行器与多艘飞船进行多次自动和手控交会对接,突破和掌握了空间交会对接技术、航天员中短期驻留技术、组合体控制和管理等技术,并开展了高水平空间科学技术试验,使我国成为世界上第三个独立掌握载人空间交会对接技术的国家。在此基础上,利用天宫一号目标飞行器备份产品改进研制为天宫二号空间实验室,安排了1艘载人飞船和1艘货运飞船访问,完成了航天员中期驻留、推进剂在轨补加、货物运输、货运飞船自主快速交会对接、在轨维修等多项重大关键技术的考核验证,开展了具有一定规模的空间科学实验与技术试验,为空间站建造和运营积累了经验。我国交会对接相关主要飞行事件如下:

2011年9月29日,天宫一号目标航天器从酒泉卫星发射中心发射升空,拉开了我国交会对接飞行试验的序幕。同年11月1日,神舟八号飞船发射入轨。11月3日,神舟八号飞船与天宫一号目标航天器进行了中国航天史上首次空间飞行器自动交会对接试验,并取得圆满成功。此后,神舟八号飞船与天宫一号分离,并进行了第二次自动交会对接试验,试验圆满完成。

2012年6月16日,神舟九号载人飞船搭乘景海鹏、刘旺、刘洋3名航天员进入太空,相继与天宫一号目标飞行器完成了一次自动、一次手控交会对接,标志着我国全面突破和掌握了空间交会对接技术。这次飞行任务中,3名航天员进入天宫一号,在其中生活和工作10天,整个飞行任务历时13天。天宫一号作为长期在轨自动运行、短期有人访问工作的载人轨道飞行器,完成了载人环境控制和保障、航天员生活和工作支持及保障、组合体控制等任务,这也标志着我国建成了首个试验性空间实验室大系统。2013年6月,神舟十号载人飞船搭乘聂海胜、张晓光、王亚平3名航天员再次与天宫一号完成了交会对接。至此,工程实现了第二步第一阶段任务目标。

2016 年,在天宫二号空间实验室发射后约一个月,神舟十一号载人飞船搭乘景海鹏、陈冬两名航天员与天宫二号对接,完成了在轨中期驻留试验,这标志着我国已具备了熟练掌握和应用交会对接技术的能力。2017 年,我国成功实施了天舟一号货运飞船与天宫二号的交会对接,突破了推进剂在轨补加技术,交会对接技术得到了进一步考核验证,至此,工程第二步任务目标全部完成,也标志着我国已具备了建造和运营空间站的基本能力。

1.3　交会对接任务系统仿真技术发展概况

载人航天工程具有高度的挑战性、复杂性和技术难度大等特点,需要开展大量的方案论证、仿真分析与试验验证工作,以降低任务风险。随着现代信息技术的不断进步,系统仿真技术已广泛应用于国内外航空航天领域,逐渐成为载人航天工程各系统开展方案论证和工程设计的重要手段。将系统仿真技术有效地应用于载人航天总体指标论证、飞行任务方案分析、系统间接口验证、航天器总体研制等技术工作,可不断优化总体方案,确保系统间协调,提高任务可靠性。

1.3.1　航天任务系统仿真发展概况

航天任务系统仿真是以航天相关的控制理论、相似理论、仿真对象的物理和数学模型、信息技术和计算机技术等理论为基础,以计算机、网络和相关仿真对象的实物为工具,利用系统模型对真实系统进行试验,并借助专家经验知识、统计数据和真实状态下的试验结果对仿真试验结果和数据进行分析,从而对设计方案的正确性作出判断或对性能进行评价的一种综合性试验方法。按仿真对象层次,航天任务系统仿真可分为系统间、系统级、分系统级和设备级仿真等。其中,系统间仿真一般由任务总体单位组织进行,包括任务总体方案、总体技术指标、系统间接口等仿真分析和验证;系统级仿真由各系统总体单位组织进行,包括系统方案设计仿真、系统性能验证仿真和故障仿真等;分系统级仿真由分系统研制单位组织进行,可按专业领域组织实施,如结构机构、GNC、推进、能源等;设备级仿真由具体设备研制单位实施,主要验证单机设备的功能、技术指标等。

目前,系统仿真技术已应用到航天器总体仿真、航天器飞行环境模拟、航天器控制系统仿真、人机环境系统仿真等众多领域。随着航天任务日益复杂,航天任务仿真系统的设计、集成与测试难度越来越大,传统单机仿真逐渐难以胜任新的任务需求,这就促使了基于高性能计算机和网络技术的分布式仿真、并行仿真、网格仿真等新的仿真技术得以发展。其中,分布式仿真通过网络进行彼此之间的通信,使不同功能的仿真主体可以运行在不同的计算机上,实现多主体在同一环境下进行仿真,尤其适合作战仿真、飞行任务仿真等系统间、系统级仿真。

分布式仿真网络类型包括以太网和实时网。基于以太网的分布式仿真系统利用以太网卡、交换机和网线等网络硬件,采用 TCP、UDP 等通信协议实现仿真主体间数据交互,该模式具有成熟的商业硬件支持,其经济性和技术成熟度较好,能够满足大多数航天任务系统仿真需求。1995 年,美国国防部基于以太网提出了高层体系结构(High Level Architecture,HLA),以提高不同仿真主体间的互操作性和仿真资源的可重用性,较好地满足了建模与仿真领域需求,国内外应用较广的 HLA/RTI 产品包括 MAK - RTI、pRTI、KD - RTI、SSS - RTI 等。基于实时网的分布式仿真系统则采用反射内存网卡、反射内存交换机和光纤等硬件,并采用特定通信协议实现数据交互,该模式适合实时性要求高的仿真任务,尤其是硬件在回路的仿真,但需要特殊网络硬件设备支持,因此经济代价较高,相关产品包括美国 VMIC 公司的反射内存卡等。

为提高分布式仿真系统开发效率,国内多家单位基于 HLA 等软件协议标准及 VMIC 等硬件底层,开发了多种航天任务仿真系统,具备运行支持、成员开发支持、联邦开发与运行支持、管理控制、仿真建模、试验设计、数据分析等功能,能够支撑飞行器概念设计、总体设计、仿真验证等,在航天任务系统仿真领域取得了很好的应用效果。

国内外典型实例如下:

1. 分布式空间探索仿真(Distributed Space Exploration Simulation, DSES)

在"星座计划"构想提出后,NASA 联合 JSC(Johnson Space Center)、ARC(Ames Research Center)和 LaRC(Langley Research Center)几个研发中心启动了 DSES 项目,该项目主要进行"星座计划"任务下各个航天系统之间协作分布仿真,为整个"星座计划"提供技术支撑。2007 年 10 月,DSES 项目正式命名为一体化任务仿真项目(Integrated Mission Simulation,IMSim),其未来的发展构想如图 1 - 16 所示。

IMSim 采用 HLA 体系架构对不同仿真联邦进行集成,开发人员通过标准接口进行位置、速度和加速度等数据交互,仿真联邦在系统级层面具有较好的可重用性。IMSim 实现了 NASA 不同中心和研究机构仿真联邦间的互联,主要包括发射场、运载火箭、载人飞船、国际空间站、中继卫星、空间通信和导航等仿真联邦。NASA 利用 IMSim 对复杂航天任务不同系统间的协作关系、数据接口进行了分布式仿真和推演,为星座计划各类任务提供了支撑。

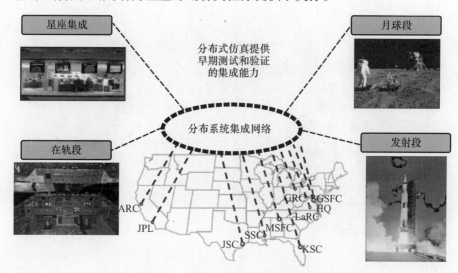

图 1 - 16　DSES 未来的发展构想

2. NASA"星座计划"模型与仿真系统(NASA Constellation Program Modeling and Simulation)

在"星座计划"实施过程中,NASA 建立了一套模型与仿真系统,并计划应用该模型与系统对整个系统及组成部分的成本、风险、性能以及可靠性进行分析和评估,从而达到降低成本和风险、提高系统性能和可靠性的目的。

该仿真系统的核心包括 3 个部分:①综合工程模型,主要是用来实现"星座计划"的各个功能模块的数字化仿真,如用户开发模型、多方案比较功能、基本分析功能等;②分布式空间探索仿真系统,该系统支持多系统、多节点联合式仿真,参与单位主要包括埃姆斯研究中心、约翰逊航天中心、兰利研究中心、马歇尔航天中心、格伦研究中心、肯尼迪航天中心等,该仿真系统能够支撑各个单位之间的分布式仿真和离散事件仿真;③月球表面操作仿真,主要包括月球表面的各种任务操作以及月表和环月轨道高保真拓扑数据系统。

3. 分布式仿真项目(DIstributed Simulation,DIS)

NASA 开发 DIS 项目的目的是建立一个用于 HTV 飞行程序开发和训练,以及 HTV 和国际空间站的逼近操作运营的分布式仿真项目,如图 1 - 17 所示,该仿真称为 HTV 飞行控制训练仿真。DIS 项目由日本 JAXA 和美国 JSC 共同完成。在仿真中,HTV 部件运行于日本筑波 JAXA 设备,国际空间站部件运行于美国的 JSC。

图 1 - 17　HTV 仿真示意图

4. ESTEC 协同设计中心

ESA 于 1998 在欧洲空间研究与技术中心(ESTEC)成立了协同设计中心(CDF),用于对未来空间任务进行评估,促进并行工程的开展。CDF 配备有计算机网络、多媒体设备和软件工具,用于不同学科专家进行空间任务设计,促进学科间有效交互,提高任务的论证和设计效率。CDF 主要瞄准项目的预研、可行性论证阶段,可支撑开展概念研究,评估空间任务和新概念飞行器技术、计划和经济的可行性。

5. 欧洲网络分布交互仿真项目(European Distributed Interactive Simulation Over Network, EDISON)

在 ESA 和俄罗斯联合开展的交会对接操作分布式仿真项目基础上,欧洲启动了一个大规模的分布式仿真项目——EDISON。该项目涉及欧洲 4 国、9 个公司和研究机构,同样是基于 HLA 技术进行系统开发,该项目的联邦单元如表 1 - 1 所列。

EDISON 项目的目的是将欧洲各个与 ATV 相关的仿真设备通过广域网连接起来,实现硬件在回路、人在回路、数字模型在回路的联合仿真。在进行硬件在回路仿真时,其回路包括功能仿真设备(Functional Simulation Facilities, FSF)和欧洲接近操作仿真器(European Proximity Operations Simulator, EPOS),如图 1 - 18 所示。FSF 是一个包括所有实际电子设备、硬件、软件的平台,其主要特点是将尽可能多的实际硬件接入系统。EPOS 是一套可以模拟交会对接相对运动的设备。EDISON 底层采用 HLA 作为数据交互标准。

表 1 – 1 EDISON 的联邦单元

	ATV(接收)	ISS(接收)	GOAS/ATV-CC(接收)	MCC(接收)	ERA(接收)	FM(接收)
ATV(发送)		ATV 遥测(状态矢量,飞行的子阶段)				• 联邦成员状态(准备开始,执行,停止……) • 交会对接里程碑信息
ISS(发送)	• ISS 状态矢量 • 太阳地球位置 • ATV GNC 系统需要的 ISS 对接口参数 • ISS 稳定模式参数 • ATV 遥控指令: -继续/停止 -碰撞规避机动(CAM) -手控指令(可选)		• ISS 状态矢量 • ISS 系统状态 • 太阳地球位置 • 交会对接系列控制(继续/停止,碰撞规避机动)	• ISS 状态矢量 • ISS 系统状态 • 太阳地球位置 • 交会对接系列控制(继续/停止,放弃对接,碰撞规避机动) • 控制权转移需求	• ISS 状态矢量 • 太阳地球位置	
GOAS/ATV-CC(发送)	• ATV 飞行计划 • ATV 遥控指令: -子系统控制和配置 -继续/停止 -碰撞规避机动	• ATV 飞行计划 • ATV-CC 状态 • ATV 遥控指令		• ATV-CC 状态 • ATV 飞行计划 • 控制权转移需求	无	
MCC(发送)	• ATV 遥控指令: -继续/停止 -碰撞规避机动 -手动控制(可选)	• ATV 遥控指令 • MCC 状态 • 控制权转移需求	• MCC 状态 • 控制权转移需求		• 授权开始/恢复 ERA 操作 • 停止 ERA 操作指令	
ERA(发送)	无	• ERA 状态 • ERA 状态矢量				
FM(发送)	• 初始配置(想定 ID,状态矢量) • 异常、故障设定					

注:ATV—自动转移飞行器,ISS—国际空间站,GOAS/ATV - CC—地面操作辅助系统 ATV 控制中心,MCC—任务控制中心,ERA—欧洲机械臂,FM—联邦管理

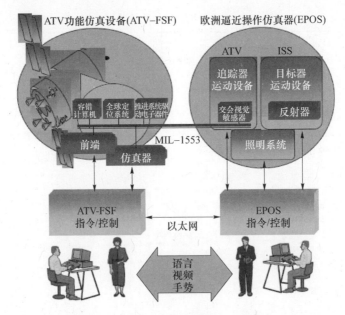

图 1 - 18　EDISON 的硬件在回路结构

6. 探月任务系统仿真

针对探月任务,我国研制了探测器飞行过程仿真软件,实现了地月转移段、环月与软着陆段以及月面探测段的分段仿真,建立了探测器系统的轨道动力学、姿态动力学、控制、推进、热控、电源和测控等分系统的数学仿真模型;构建了半物理仿真与辅助支持系统,通过数学仿真和半物理仿真,实现了对探月任务的数学仿真分析和硬件仿真验证。

7. 航天任务总体设计仿真系统

基于 HLA 架构,以 KD - RTI 为底层通信支撑平台,采用集成化框架,研制了航天任务总体设计仿真系统。仿真系统由仿真支撑环境、基础资源库和仿真管理控制三部分组成,在此基础上可构建不同任务的仿真应用系统。在对地观测卫星研制中,基于该平台开发了相应的仿真系统,对卫星成像、覆盖范围等进行了仿真评估。在导航卫星系统研制中,基于该平台对导航系统的顶层方案、星座设计、导航性能等进行了仿真分析。

8. "北斗"卫星导航系统仿真

第一代"北斗"卫星导航系统研制了单机运行模式的仿真系统,重点对导航系统的信息传输、定轨、星座等方案设计进行了验证。第二代"北斗"卫星导航系统研制了全任务仿真系统,采用分布式运行环境,继承了第一代仿真系统的主要功能模块,进一步引入了地面控制站、接收机等地面试验设备验证系统,构成了半物理仿真系统,实现了物理层、信息层、应用层和业务层仿真验证。

1.3.2　交会对接任务系统仿真发展概况

交会对接任务是一项复杂的大型系统工程,具有参与系统多、流程复杂、飞行控制难度大、实时性要求高等特点。交会对接任务对涉及的运载火箭、追踪航天器、目标航天器、测控通信、发射场系统都提出了特殊的、更为复杂和更高精度的要求。同样,交会对接任务对系统间的协同也提出了更为复杂和严格的要求,并具有人直接参与到整个飞行任务的大系统闭合回路中的特点,包括运载火箭射前诸元计算和装订、追踪航天器和目标航天器测定轨道和轨道预报、追踪航天器交会飞行变轨策略规划、航天员手动控制等。此外,飞行过程中的故障对策也需要各系统协同应对。

为了确保方案正确、在轨飞行正常并顺利实现任务目标,需要经过地面细致的分析、论证、设计与试验验证。交会对接技术研究验证的主要手段包括仿真和试验,由于实际飞行试验代价十分高昂,通常采用仿真手段进行新技术探索和工程设计,只有重大原理性技术才采用飞行试验进行工程验证。因此,在交会对接任务中应充分采用系统仿真手段,为工程任务的各阶段提供技术支撑,以节约任务成本、降低任务风险。

目前,世界各国开发的交会对接仿真系统主要有以下几种:

1. 实时动力学仿真器(Real-Time Dynamic Simulator,RDS)

RDS 最早建于 1963 年,是美国兰利研究中心负责设计研制的全尺寸动力学仿真设备,原名 Rendezvous Docking Simulator,后改为实时动力学仿真器,如图 1-19所示。该设备可用于各种航天器在手动控制下的对接研究,也可作为航天员交会对接培训仿真器。RDS 由顶部的桁架和钢丝悬挂的万向节系统组成。桁架实现三自由度平移。万向节由液压驱动实现三自由度的旋转。因此,航天员可以控制飞行器实现 6 自由度的运动,机构的运动采用地面的模拟计算

图 1-19　实时动力学仿真器

机控制下的闭环方式。航天员的控制信号被输入计算机,计算机提供伺服机构的运动命令。

"阿波罗"计划完成后,RDS 去除了"阿波罗"指令舱,安装一个飞机座舱,用来进行飞行员控制仿真、飞机着陆接近、仿真器确认研究等。RDS 对于训练"双子星座"号和"阿波罗"飞船上的航天员起到了重要作用。现在,这一设备已经不再使用,保留在美国兰利研究中心。

2. 航天飞机任务仿真器(Shuttle Mission Simulator, SMS)

航天飞机任务仿真器位于约翰逊空间中心,它提供发射、上升、轨道运行、交会、对接、处理有效载荷、分离、离轨、再入、接近、着陆的高逼真度的仿真能力。这个仿真器能够模拟主要发动机和固体火箭助推器的性能。它建立于 1977 年,花费了 1 亿美元。

SMS 主要由 Motion Base(MB)和 Fixed Base(FB)两部分组成,如图 1 - 20 所示。每个部分都安装了与真实航天飞机一样的控制、显示设备。MB 是航天飞机动力学研究的高逼真度仿真器,配置有一个指令员和一个操作员座位,可以像真实的航天飞机一样俯仰、滚动、偏航、振动,具有 6 个自由度,一个特殊的俯仰框架允许 90°的俯仰来模拟加速上升。FB 是另一个高逼真仿真器,配置由一个指令长、一个操作员、一个任务专家和一个载荷操作员位置。FB 不模拟运动,但是具有导航、交会、遥操作等功能,并预留了开展载荷操作的接口。航天员可以通过一个舱口进入。在长期的任务仿真中,里面提供了水和食物。两个部件的可视化仿真通过 4 个独立的数字图像生成(DIG)系统来提供。DIG 可以演示航天飞机发射前到着陆的整个过程的图像。

图 1 - 20　航天飞机任务仿真器

在控制台的 SMS 的操作者决定系统的故障情况或者其他航天员必须面对的环境,有 6800 种故障仿真能够利用。SMS 能够同其他仿真器联合完成各种航天飞机仿真任务。

3. 交会对接操作测试系统 (Rendezvous and Docking Operation Test System,RDOTS)

交会对接操作测试系统于 1994 年 4 月在筑波(Tsukuba)空间中心建成,该系统可以做追踪卫星和目标卫星之间的相对运动仿真试验,如图 1 – 21 所示。其中,目标星仿真台具有 6 个自由度,由 6 根长度可伸缩的杆子(线性执行机构)控制。目标星仿真台可由 7m 长的滚珠丝杠实现平移控制。追踪星仿真台还有 2 自由度的运动能力,用于大范围运动仿真。每个线性控制器由数字信号处理器(DSP)实现的 PD 控制回路实施闭环控制。

图 1 – 21　交会对接操作测试系统

RDOTS 还可用于 RVD 过程的动态闭路试验(DCLT)。在 DCLT 中,制导和控制计算机分别连接到目标星仿真台和追踪星仿真台上的逼近摄像机、交会激光雷达以及对接机构。制导和控制计算机对敏感器输出信号(相对运动位置和速度)处理后算出控制信号。仿真计算机则算出航天器对控制信号的动态响应,并将计算结果送到数字信号处理器的控制回路中,通过动态仿真器完成航天器动力学仿真。DCLT 可以验证摄像敏感器、交会激光雷达以及制导和控制系统的动态性能。1994—1996 年,NASDA 将对接仿真功能加到 RDOTS 中,可以仿真两个航天器对接时的相对运动,如图 1 – 22 所示。

4. 欧洲近距离操作仿真器 (European Proximity Operations Simulator, EPOS)

EPOS 是由欧洲航天局和德国航空航天试验院(DLR)共同发展的 9 自由度半物理仿真器,在 20 世纪 80 年代中期开始设计并研制,如图 1 – 23 所示。该系统用来进行两个航天器接近操作的全尺寸飞行动力学和照明仿真,它可以复现追踪航天器和目标航天器交会过程中最后 10m 的相对位置、姿态和速度,并能

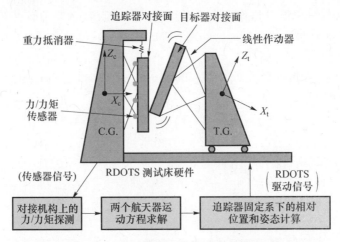

图 1-22　RDOTS 仿真航天器对接相对运动

图 1-23　欧洲近距离操作仿真器

够进行带有硬件和星上软件的完整 RVD 系统的性能测试,也可以训练地基和天基操作人员。

　　EPOS 包括一个 14m × 5m × 3m(长 × 宽 × 高)的桁架结构仿真接近航天器的 6 自由度运动。它的有效载荷可以达到 150kg 以上,不仅可以安装光学敏感器,也可以安装对接或停泊系统的真实模型。桁架结构对面配置了一个三自由度机械转台,用于安装目标航天器,目标航天器上配有 ISS 激光反射镜。为了逼真地模拟光照环境,还配置了一个光照模拟系统,可以模拟太阳、月亮等天体直接照射或间接反射到光学交会敏感器上的光照情况。

EPOS 的数据处理系统主要是利用两台计算机来完成仿真与测试控制(Simulation and Test Control,STC)和运动系统控制(Motion System Control,MSC)。这些计算机有 4 个 CPU,采用 UNIX 操作系统。

5. 我国空间交会对接任务仿真系统

1)交会对接半物理仿真试验系统

为满足对交会对接控制系统进行地面物理仿真验证的实际需求,我国建立了一套九自由度近距离合作目标交会对接半物理仿真试验系统(图1-24),主要用于两个航天器在最后平移靠拢段的自动/手动控制系统半物理闭环仿真试验和近距离光学测量敏感器性能半物理仿真验证试验。该系统由试验总控单元、目标模拟器(三自由度姿态转台)、追踪模拟器(六自由度姿态位置转台)、动力学及转台控制单元、雷达测距仪及其合作目标、光学成像敏感器及其合作目标、自控交会对接控制器、手控交会对接控制器、手控测量设备、操作手柄、手控图像显示器等组成。神舟载人飞船、天舟货运飞船等执行交会对接任务的航天器,在设计研制过程中,均经由该仿真试验系统通过大量地面试验,验证了参与交会对接的敏感器设计和控制系统设计等的正确性。

图1-24 交会对接半物理仿真试验系统

2)交会对接任务工程全系统实时闭环仿真系统

为了保证任务成功,载人航天工程航天员、飞船、火箭、空间实验室和测控通信系统均建立了各自的仿真系统,开展了大量的仿真验证。这些仿真系统的特点是对于本系统的模型比较准确,而与之有接口关系的其他系统的模型则比较简化,不能对故障预案进行系统验证,相对于任务系统不具备独立性。考虑到实际任务是要各系统配合一起完成,为验证全任务剖面飞行方案的正确性,工程总体构建了全系统实时闭环仿真系统(图1-25)。该仿真系统以工程各大系统已有的任务软件为基础,由第三方研制仿真运行管理、航天器动力学仿真、任务规划类软件、各种测量设备模拟器软件和各类图像显示软件,利用 MAK-RTI 网络环境完成软件集成,构成了天地大回路闭环联合仿真系统,以数学仿真为主,采用实时(主要用于人在回路的仿真时段)和超实时(对于纯数学仿真时段)相结合的方法,从系统工程的角度对总体方案、飞控流程、故障预案等进行了全系统参与的、覆盖全任务剖面的大型联合仿真,为任务的圆满成功奠定了重要技术基础。

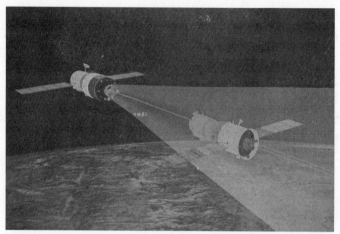

图1-25 交会对接任务工程全系统实时闭环仿真系统效果图

1.3.3 有关启示

1. 系统仿真技术是解决复杂系统技术问题的重要手段

系统仿真技术在航天领域的广泛应用已成为不争的事实,星座计划、探月工程、"北斗"定位系统研制等任务全过程,都大量采用了先进的仿真手段,为任务各阶段提供了重要支撑。载人航天工程面向后续更加多样、更加复杂的总体方案设计与论证,应构建与之相适应的仿真系统,具备总体分析和仿真验证手段。

2. 仿真体系架构选用要与仿真任务的定位相适应

系统仿真体系架构的选择应考虑仿真主体的层次和目标。与工程各系统验证本系统方案及设计的正确性相区别,工程总体层面更关注总体方案设计、系统间接口的正确性。因此,可构建一种支持集成不同系统任务软件和模型的分布式仿真架构,并逐步完善大系统、小工具、商业软件相结合的仿真手段,以满足不同的仿真需求。

3. 提升软件和模型可重用性是系统发展的重要方向

纵观系统仿真技术发展过程,提高软件可重用性一直是仿真技术发展的趋势。仿真软件重用首先要实现仿真框架与仿真模型的分离,将仿真中的试验设计、网络交互、数据分析等分离出来,形成仿真支撑环境。同时,通过代码级、组件级、分系统级等多层次的模型重用提高仿真系统开发效率。仿真系统设计时应统一规划,并制定标准的接口规范、模型规范等,保证软件系统具有良好的继承性,实现模型的不断积累与完善。

4. 仿真系统建设应统筹规划、分步实施

载人航天工程后续任务技术难度更大、流程将更加复杂,仿真系统建设应在充分利用国内外相关先进仿真技术和交会对接任务联合仿真实践经验基础上,统筹规划总体目标,对仿真系统的总体架构、支撑平台、硬件环境进行统一设计,分阶段建设与任务需求相适应的通用性好、扩展性强的仿真系统,以满足后续空间站任务、载人月球探测方案论证等仿真需求。

1.4 小 结

人类掌握空间交会对接技术已 50 余年,在载人月球探测、空间站等大型航天活动中,交会对接技术担任了不可替代的角色。交会对接技术是实施空间组装、物资补给、人员轮换、在轨服务等任务的基础,同时也是一项复杂的大型系统工程。交会对接任务参与系统多、流程复杂、飞行控制难度大、实时性要求高,在任务方案论证、任务设计、产品研制等阶段充分采用系统仿真的手段,能够验证飞行方案的正确性和系统间接口的协调性,节约任务成本、降低任务风险。

参 考 文 献

[1] Alexander J D, et al. Apollo Experience Report Evolution of The Rendzvous – Maneuver Plan for Lunar – Landing Missions. NASA TN D – 7388.

[2] Fehse W. Automated Rendezvous and Docking of Spacecraft [M]. London: Cambridge University Press, 2003.

[3] Gottselig G. Orbital Express Advanced Technology Demonstration[A]. 2002 Core Technologies for Space Systems Conference, November 2002.

[4] Kawano I., et. al. Automated Rendezvous Docking System of Engineering Test Satellite VII[J]. Advances in the Astronautical Sciences,1997,96.

[5] 林来兴. 空间交会对接技术[M]. 北京:国防工业出版社,1995.

[6] 林来兴. 美国"轨道快车"计划中的自主空间交会对接技术[J].国际太空,2005(2):23 – 27.

[7] 刘慎钊,张新邦. 载人飞船交会对接半物理仿真试验环境研究[A]. 2005 全国仿真技术学术会议论

文集.

[8] Machula M, Sandhoo G, Chevray K, et al. Autonomous Rendezvous &Docking (AR&D). NASA/JSC white paper for Code T, May 20, 2004.

[9] Parten R P, Mayer J P. Development of the Gemini Operational Rendezvous Plan [J]. Journal of Spacecraft and Rockets, 1968, 5(9):1023 – 1026.

[10] 唐国金,王华,罗亚中,等. 空间交会对接的发展现状及关键技术. 长沙:2006 年国防科技前沿发展论坛,2006.

[11] 王志勇. 交会对接关键技术研究[D]. 长沙:国防科技大学,2000.

[12] 王存恩,王旭东,潘科炎,等. 面向 21 世纪的交会对接技术[A]//面向 21 世纪的交会对接技术[C]. 北京:北京控制工程研究所,1999:1 – 23.

[13] Yamanada K, et al. Guidance and Navigation System Design of R-bar Approach For Rendezvous and Docking, AIAA Paper 98 – 19040.

[14] 于志坚. 交会对接地面测量控制系统研究[D]. 长沙:国防科技大学,2004.

[15] Zimpfer D, Kachmar P, Tuohy S. Autonomous Rendezvous, Capture and In – space Assembly:Past, Present and Future [A]. AIAA Paper 2005 – 2523.

[16] 周前祥,连顺国. 航天器交会对接技术的进展[J]. 航天医学与医学工程,1998,11(4):305 – 309.

[17] Smith N G, Mckinnis J A. Simulation Models for Autonomous Rendezvous and Capture[C]. 1991.

[18] Shackelford J H, Saugen J D. The Development of an Autonomous Rendezvous and Docking Simulation Using Rapid Integration and Prototyping Technology[C]. 1991.

[19] Arguello L, Miro J. Distributed interactive simulation for space projects[J]. European Space Agency Bulletin, 2000, 102:125 – 130.

[20] Cuseo, J. A., Real – Time Simulations for Automated Rendezvous and Capture[C]. 1991.

[21] 王华. 交会对接仿真系统[D]. 长沙:国防科技大学,2002.

第2章 系统仿真理论与方法

　　系统仿真是以相似原理、系统技术、信息技术及其应用领域有关专业技术为基础,以计算机、仿真器和各种专用物理效应设备为工具,利用系统模型对真实的或设想的系统进行动态研究的一门多学科的综合性技术。本章首先阐述系统仿真的系统、模型和仿真等基本要素,系统仿真的不同分类方法,系统仿真的步骤;其次介绍系统仿真的基本理论、建模理论、系统理论和应用理论等仿真基本理论方法;最后介绍分布交互仿真、多媒体/虚拟仿真以及网格/协同仿真等几种应用较为广泛的复杂系统仿真方法。

2.1　系统仿真概述

2.1.1　系统、模型与仿真

1. 系统

　　系统一词在很多领域中被广泛应用,例如航天系统、电力系统、机械系统、控制系统等,这也造成了"系统"的内涵十分丰富,很难给它下一个准确的定义。关于系统的定义,国内外的众多学者从不同的角度给出了不同的见解,也就是说有很多不同的定义。系统一词最早出现于古希腊原子论创始人德谟克利特(公元前460年—公元前370年)的著作《世界大系统》一书中。该书明确地论述了关于系统的含义:"任何事物都是在联系中显现出来的,都是在系统中存在的,系统联系规定每一件事物,而每一联系又能反映系统的联系的总貌。"戈登在总结前人的思想基础上,将系统定义为"按照某些规律结合起来,互相作用、互相依存的所有实体的集合或总和"。对于系统,一种更加普遍的定义为:系统是由一组互相作用、互相关联或互相依存的元素构成,能够实现特定功能的整体。这里需要明确的是,系统的概念很广泛,小到原子、分子,大到整个宇宙世界,都可以称为系统,也就是说,系统仿真研究的对象都是系统。

　　航天系统是现代比较典型的复杂系统之一。为了完成航天任务,航天器必须与运载火箭、航天发射场、航天测控网、航天器回收设施、应用系统等互相配合、协调工作,共同组成航天系统,其中,航天器是执行航天任务的主体,是航天系统的主要研究对象。

尽管不同的系统之间千差万别,但是任何系统都存在 3 个需要研究的内容,即"三要素":实体、属性、活动。实体是组成系统的具体对象,确定了系统的构成,如航天系统中的火箭、地面测控站、航天员等;属性是实体的特性(状态和参数),描述每一实体的特征,如火箭推进剂消耗、地面测控站可观测弧段;活动是对象随时间推移而发生的状态变化,定义了系统内部实体之间的相互作用,从而确定了系统内部发生变化的过程,如飞船变轨、交会对接等。

研究系统除了需要研究系统的实体、属性和它的活动,还需要研究系统的环境,明确系统的边界。在这个世界上,各种事物都是相互联系的,但是当对某一对象进行研究时,需要把该对象从其环境中抽离出来。边界确定了系统的范围,边界以外的环境对系统的作用称为系统的输入,系统对边界以外的环境的作用称为系统的输出。

对系统的研究首先就是要描述清楚系统的主体、属性、活动以及环境,而这些与研究者的研究目的及观点有关,如在研究运载火箭发射时,可以将其看成一个系统,但它在空间交会对接系统中,则仅仅是一个子系统。因此一个系统,只有在其研究目的确定且其实体、属性、活动、环境作了明确描述后,才是确定的,才可能去考虑系统模型的建立。

系统按照不同的方式可以划分为不同的分类,如按照特性分类,系统可以分为工程系统和非工程系统;按照系统中起主要作用的状态随时间的变化分类,系统可分为连续系统和离散事件系统;按照子系统的数量分类,系统可分为小系统、大系统、巨系统,其中巨系统又可进一步分为简单巨系统和复杂巨系统。

2. 模型

模型是系统行为特性的描述,一般情况下是与研究目的有关的系统行为子集的特性的描述。模型作为对原物的替代,能够帮助人们对原物进行假设、定义、探究、理解、预测、设计,或者与原物某一部分进行通信。在对一个系统进行研究、分析、设计和实现的过程中,需要进行试验。试验的方法基本上可分为两大类:一种是直接在真实系统进行,另一种是先构造模型,通过对模型的试验来代替或部分代替对真实系统的试验。传统上大多采用在实际系统上做试验,随着科学技术的发展,尽管第一种方法在某些情况下仍然是必不可少的,但第二种方法日益成为人们更为常用的方法,其主要原因如下:

(1)系统还处于设计阶段,真实的系统尚未建立,人们需要更准确地了解未来系统的性能,这只能通过对模型的试验来了解。

(2)在真实系统上进行试验可能会引起系统破坏或发生故障,如对一个处于运行状态的航天系统进行没有把握的试验,将会冒巨大的风险。

(3) 需要进行多次试验时,难以保证每次试验的条件相同,因而无法准确判断试验结果的优劣。

(4) 试验后,系统难以复原。

(5) 试验时间太长或费用昂贵。

通过模型试验可以很好地解决上述问题。如航天系统中,运载火箭造价昂贵,发射成本高,所以一般在发射前采用火箭横型进行相关试验。与在真实系统上进行试验相比,模型通常更易于理解,模型结构的变化更容易实现,模型的行为特性更易于掌握。因此,在模型上进行试验已经成为人们科学研究与工程实践中不可缺少的手段。

在模型的应用过程中,会根据使用目的的不同,选取原对象的若干方面进行本质的抽象和简化。作为对真实系统的描述、模仿或抽象,模型一般用适当的表现形式(如实物、数学公式、图标、文字等)对真实系统的本质加以描述。模型可以分为两大类,一类是物理模型,即采用一定比例尺按照真实系统的"样子"制作,与实际系统有相似物理性质的模型,如船体外形、导弹上的陀螺等,另一类是数学模型,即用抽象的数学方程描述系统内部物理变量之间关系而建立起来的模型,如静态模型、动态模型。

在构建一个系统模型的过程中,模型应具有以下性质:

(1) 相似性。模型与被研究对象在属性上具有相似的特性和变化规律,模型作为"替代",应与实际对象"原型"在本质上是相似的。

(2) 清晰性。一个大的系统由许多子系统组成,因此对应系统的模型也由许多子模型组成。在子模型与子模型之间,除了为实现研究目的所必须的信息联系外,相互耦合要尽可能少,结构要尽可能清晰。

(3) 简单性。在满足相似性的前提下,模型应当尽量简单。因此,要根据研究的目标,忽略实际系统中的一些次要因素。

(4) 切题性。模型只应该包括与研究目的有关的方面,也即是与研究目的有关的系统行为子集的特性的描述。

(5) 多面性。由于实际对象的复杂性,人们研究的目的往往是不完全相同的,因而对系统的理解、所搜集的数据也不完全相同,从而得到的模型也不唯一。因此,模型如何满足多方面、多层次研究的需求,这是建模时需要特别加以考虑的。

(6) 精密性。同一个系统的模型按其精密程度要求可以分为许多级,对不同的工程,精密度要求不一样。

模型建立的任务是确定模型的结构和参数,一般有 3 种途径:

(1) 对内部结构和特性清楚的系统,即白盒子系统(如多数工程系统),可以利用已知的一些基本定律,经过分析和演绎推导出系统模型,如根据轨道动力学方程构建的航天器标称轨道模型。

（2）对那些内部结构和特性不清楚的系统,即黑盒子系统,如果允许直接进行试验观测,则可假设模型,并通过试验验证和修正建立模型,也可以用辨识的方法建立模型。

对那些属于黑盒又不允许直接进行试验观测的系统,则采用数据收集和统计归纳方法建立模型。

（3）介乎两者之间的还有一大类模型,对于它们的内部结构和特性有部分了解,但又不甚了解,此时则可采用前面两种相结合方法。当然,即使对于第一类系统,有时在演绎出模型结构后,尚需通过试验的方法来确定出它们的参数,因此第三种方法用得最多。

3. 仿真

仿真是对模型的试验,主要目的在于研究和分析实际的或理论的系统行为和性能。对于仿真的定义,G. W. Morgenthater 在 1961 年首次对"仿真"进行了技术性定义,即"仿真意指在实际系统尚不存在的情况下对于系统或活动本质的实现"。随后,不同的学者对于仿真都给出了不同的定义,但无论是哪种定义,仿真是基于模型的这一基本观点是共同的。

随着科学技术的发展,仿真已逐渐从实物转至计算机,现代仿真技术大多是在计算机的支持下进行的,因此,系统仿真也称为计算机仿真或数学仿真。系统仿真的 3 个基本要素是系统、模型、计算机,联系它们的三项基本活动是:模型建立、仿真模型建立(又称二次建模)、仿真试验,它们的关系可用图 2-1 描述。

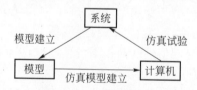

图 2-1　计算机仿真三要素及三项基本活动

传统上,"模型设计"这一活动属于系统辨识技术范畴,仿真技术则侧重在"仿真建模",即针对不同形式的系统模型研究其求解算法,使其在计算机上得以实现。"模型执行"这一活动,也往往只注重"仿真程序"的检验。"模型分析"研究的是如何将仿真试验的结果与实际系统的行为进行比较。

现代仿真技术的一个重要进展是将仿真活动扩展到上述 3 个方面,并将其统一到同一环境中。在模型设计上,除了传统的基于物理学、生物学、化学、社会学等基本定律及系统辨识等方法外,现代仿真技术提出了用仿真方法确定实际系统的模型。例如,根据飞船轨道数据与变轨信息,在计算机上进行仿真试验确定各参数,构建轨道模型。

在模型执行方面,现代仿真技术采用模型与试验分离技术,即模型的数据驱动。任何一个仿真问题可分为两部分,即模型与试验,这一点,现代仿真技术与传统的仿真定义是一致的。其区别在于:现代仿真技术将模型又分为参数模型和参数值两部分,参数值属于试验框架的内容之一。这样,模型参数与其对应的参数模型分离开来。仿真试验时,只需对参数模型赋予具体参数值,就形成了一个特定的模型,从而大大提高了仿真的灵活性和运行效率。

在模型分析方面,现代仿真技术将试验框架与仿真运行控制区分开来。一个试验框架定义一组条件,包括模型参数、输入变量、观测变量、初始条件、终止条件、输出说明。除此之外,与传统仿真区别在于,将输出函数的定义也与仿真模型分离开来。这样,当需要不同形式的输出时,不必重新修改仿真模型,甚至不必重新仿真运行,这样就能更方便地进行模型分析。

2.1.2 系统仿真的分类

系统仿真可以有多种分类方法,包括:依据仿真对象性质分类;依据仿真对象规模和复杂程度分类;依据系统模型性质分类;依据仿真系统实现手段分类;依据仿真系统结构分类;依据仿真时钟与实际时钟关系分类;依据仿真计算机类型分类。

1. 依据仿真对象性质分类

按照仿真对象状态连续性,系统可分为两大类:一类称为连续系统;另一类称为离散事件系统。由于这两类系统固有运动规律的不同,因而描述其运动规律的模型形式就有很大的差别。

(1)连续系统仿真。连续系统是指系统状态随时间连续变化的系统。连续系统的模型按其数学描述可分为:集中参数系统模型,一般用常微分方程(组)描述,如各种电路系统、轨道动力学系统、姿态运动学系统等;分布参数系统模型,一般用偏微分方程(组)描述,如各种物理和工程领域内的"场"问题。

(2)离散事件系统仿真。离散事件系统是指系统状态在某些随机时间点上发生离散变化的系统。它与连续系统的主要区别在于:状态变化发生在随机时间点上。这种引起状态变化的行为称为"事件",因而这类系统是由事件驱动的;而且,"事件"往往发生在随机时间点上,也称为随机事件,因而离散事件系统一般都具有随机特性;系统的状态变量往往是离散变化的。例如,空间站运营系统仿真中,货运飞船可用"到达"或"未到达"描述,航天员状态要么处于"忙"状态,要么处于"闲"状态;系统的动态特性很难用人们所熟悉的数学方程形式

（如微分方程或差分方程等）加以描述，而一般只能借助于活动图或流程图，这样无法得到系统动态过程的解析表达。对这类系统的研究与分析的主要目标是系统行为的统计性能而不是行为的点轨迹。

2. 依据仿真对象规模和复杂程度分类

钱学森院士提出了关于系统的一种比较完备的分类方法。他认为，系统可以分为简单系统和巨系统两类，巨系统又可进一步分为简单巨系统和复杂巨系统。不同规模的系统表现出差别很大的系统性质，所采用的仿真方法也不同，大体可以分为简单系统仿真和复杂系统仿真。

（1）简单系统仿真。简单系统的复杂程度低，易于较为准确地建立模型。成熟的数学建模理论与方法为简单系统仿真提供了可能的技术手段。常用数学建模方法包含机理分析法、直接相似法、概率统计法、层次分析法、图论法、蒙特卡罗法、模糊集论法等。

（2）复杂系统仿真。复杂系统规模庞大、关系复杂，不能或不宜用还原论进行分析研究。复杂系统的仿真十分困难，但是仿真又是复杂系统演化研究的仅有的几种方法之一。当前，对复杂系统仿真主要采用简化仿真、智能仿真、构造人工复杂仿真系统3类方法。

3. 依据系统模型性质分类

仿真基于模型，模型性质直接影响仿真的实现。根据系统模型的可量化描述性质，系统模型可分为定量模型、定性模型和智能模型。相应地，仿真技术分为定量仿真、定性仿真和智能仿真。

（1）定量仿真。定量仿真需要建立定量的数学模型，并构造仿真系统进行仿真。根据定量模型的类型，又有连续系统仿真、采样控制系统仿真和离散事件系统仿真。常用的连续系统仿真方法包括数值积分法和离散相似法等。常用的离散事件系统的仿真策略包含事件调度法、活动扫描法、三段扫描法和进程交互法等。对于离散事件动态系统（DEDS），又有基于极大代数的仿真方法、基于Petri网的仿真方法、基于知识的仿真方法和基于形式化理论的仿真方法。

（2）定性仿真。定性仿真是以非数字手段处理信息输入、建模、行为分析和结果输出等仿真环节，通过定性建模推导系统的定性行为描述。相对于传统的定量仿真，定性仿真在处理不完备知识、深层知识以及决策等方面具有其独特优势。定性仿真有模糊仿真法、归纳推理法和非因果关系推理法等3类手段。

（3）智能仿真。智能仿真需要对人的行为、综合、决策判断能力进行描述，典型的如智能车辆、无人作战飞机仿真系统等。另外一类智能仿真可以通过建立专家知识与经验及人的行为描述的知识库，在仿真中通过相应的推理机制自动获取和更新所需要知识，完成仿真的既定目标。

4. 依据仿真系统实现手段分类

根据仿真系统的实现手段,可分为物理仿真、数学仿真、半实物仿真、人在回路仿真、软件在回路中仿真等。

(1) 物理仿真:物理仿真是按照真实系统的物理性质构造系统的物理模型,并在物理模型上进行试验的过程。

(2) 数学仿真:数学仿真是对实际系统进行抽象,并将其特性用数学关系加以描述而得到系统的数学模型,并对数学模型进行试验的过程。

(3) 半实物仿真:半实物仿真又称物理 – 数学仿真、硬件(实物)在回路仿真。这种仿真是将数学模型与物理模型甚至实物联合起来进行仿真试验,避免硬件建模的困难,也可以检验实物部件的性能指标及可靠性。

(4) 人在回路中仿真:人在回路中仿真是操作人员在系统回路中进行操作的仿真试验。这种仿真回避建立人的模型,降低建模难度、提高了仿真可信性,适合于人员训练,如航天员训练系统。

(5) 软件在回路中仿真:软件在回路仿真又称嵌入式仿真。这里所指的软件是控制系统、导航系统和制导系统中用来进行控制、导航和制导运算的专用软件。这种仿真将实物中软件与仿真系统联系起来,充分利用了真实系统中专用软件的运算结果。

5. 依据仿真系统结构分类

由于计算机网络的出现,仿真系统产生了分布式部署和集中式部署两种结构,分别称为分布式仿真和集中式仿真。

(1) 分布式仿真:分布式仿真通过网络将多个仿真系统连接成一个大系统或将一个仿真任务用多个分布的仿真系统完成。分布式仿真涉及仿真系统和仿真部件在不同层次上的互操作性和重用性,分布式仿真系统体系结构,标准规范及协议、集成方法等多个方面,如本书介绍的空间交会对接仿真即为分布式仿真。

(2) 集中式仿真:集中式仿真是相对于分布式仿真而言的,指所有的仿真活动在一台计算机上完成。

6. 依据仿真时钟与实际时钟关系分类

实际动态系统的时间称为实际时钟,而仿真时模型所采用的时钟称为仿真时钟。根据仿真时钟与实际时钟的关系,可分为实时仿真、亚实时仿真和超实时仿真。

(1) 实时仿真:实时仿真即仿真时钟与实际时钟完全一致。当被仿真的系统中存在物理模型或实物,必须进行实时仿真,如某些训练仿真器,因此有时也称为在线仿真。

(2) 亚实时仿真:亚实时仿真即仿真时钟慢于实际时钟。对仿真速度要求不苛刻的情况一般采用亚实时仿真,如大多数系统离线研究与分析,因此有时也称为离线仿真。

（3）超实时仿真：超实时仿真即仿真时钟快于实际时钟，如大气环流的仿真、交通系统的仿真、生物进化的仿真等。

7. 依据仿真计算机类型分类

仿真技术是伴随着计算机技术的发展而发展的。在计算机问世之前，基于物理模型的试验一般称为"模拟"，它一般附属于其他相关学科。自从计算机特别是数字计算机出现以后，其高速计算能力和巨大的存储能力使得复杂的数值计算成为可能，数字仿真技术得到蓬勃的发展。

按所使用的仿真计算机类型也可将仿真分为3类，即模拟计算机仿真、数字计算机仿真、数字模拟混合仿真。

模拟计算机本质上是一种通用的电气装置，这是20世纪五六十年代普遍采用的仿真设备。将系统数学模型在模拟机上加以实现并进行试验称为模拟机仿真。本质上，模拟机仿真是一种并行仿真，即在仿真时，代表模型的各部件是并行执行的。

数字计算机仿真是将系统数学模型用计算机程序加以实现，通过运行程序得到数学模型的解，从而达到系统仿真的目的。早期的数字计算机仿真则是一种串行仿真，因为计算机只有一个中央处理器（CPU），计算机指令只能逐条执行。为了发挥模拟计算机并行计算和数字计算机强大的存储记忆及控制功能，以实现大型复杂系统的高速仿真，20世纪六七十年代，在数字计算机技术还处于较低水平时，产生了数字模拟混合仿真，即将系统模型分为两部分，其中一部分放在模拟计算机上运行，另一部分放在数字计算机上运行，两个计算机之间利用模/数和数/模转换装置交换信息。

随着数字计算机技术的发展，其计算速度和并行处理能力的提高，模拟计算机仿真和数字模拟混合仿真已逐步被全数字仿真取代，因此，今天的计算机仿真一般指的就是数字计算机仿真。

2.1.3　系统仿真步骤

根据前面的仿真定义，系统仿真的流程如图2-2所示。

（1）建立系统模型。模型是进行仿真的先决条件，所以第一步就是对实际系统的建模与形式化。由于任何一个模型都能反映实际系统的某一部分或某一方面，也就是说，一个模型只是实际系统的有限映象，所以需要根据研究和分析的目的，确定所研究的系统的边界和约束。另外，还必须对模型进行形式化处理，即把实际系统简化或抽象为数学公式或逻辑流程图等计算机仿真所要求的数学描述。最后为了确定模型的可信性，必须根据系统的先验知识及必要的试验数据,对模型进行可信性检验。只有可信的模型才能作为仿真的基础。

（2）仿真建模。根据系统的特点和仿真的要求选择合适的算法,当采用该算法建立仿真模型时,其计算的稳定性、计算精度、计算速度能满足仿真的需要。

（3）程序设计。采用计算机可接受的语言描述模型,即将仿真模型用计算机能执行的程序来描述。程序中还要包括仿真试验的要求,如仿真运行参数、控制参数、输出要求等。早期的仿真往往采用高级语言编程,随着仿真技术的发展,一大批适用不同需要的仿真语言被研制出来,大大减轻了程序设计的工作量。

（4）仿真模型校验。仿真程序检验一般是不可缺少的。一方面是程序调试,更重要的是要检验所选仿真算法的合理性。

（5）仿真运行。根据仿真的目的对模型进行多方面的试验,相应地得到模型的输出。

（6）分析仿真输出。对仿真输出的模型数据进行整理、分析、处理,以便对系统性能作出评价,得到一些设计或改进系统的有益结论,同时也是对模型的可信性进行检验。以往,输出分析的方法学未能引起人们的足够重视,实际上,输出分析在仿真活动中占有十分重要的地位,特别是对离散事件系统来说,其输出分析甚至决定着仿真的有效性。

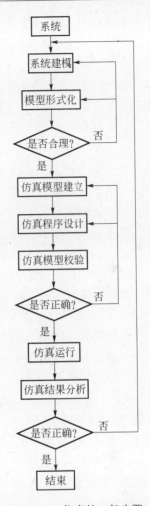

图 2 - 2　仿真的一般步骤

上面,我们仅仅对仿真过程的主要步骤进行了简要说明。在实际仿真时,上述每一个步骤往往需要多次反复和迭代。

2.2　系统仿真的基本理论方法

2.2.1　系统仿真基础理论

1. 模型论

模型论是系统仿真中最重要的基础理论之一,是描述系统模型的数学知识,包括系统抽象与描述及系统与模型描述间的关系等。

从本质上讲,模型实际上是从实际系统概念出发的关于现实世界的一小部分或某几方面的"抽象"的"映像"。按照模型论,系统建模需要进行如下抽象:输入量、输出量、状态量及它们之间的函数关系。这种抽象过程称为模型的理论构造。

抽象必须联系真实系统与建模目标,首先提出一个详细描述系统的抽象模型,再在此基础上不断增加细节至原抽象中去,使其抽象不断地具体化。这里,描述变量起着至关重要的作用,它或可观测,或不可观测。从外部对系统施加影响或干扰的可观测变量称为输入量,而系统对输入量的响应称为输出量。输入量与输出量的集合,表征着真实系统的"输入—输出"性状。这时,真实系统可视为产生一定性状数据的信息源,而模型则是产生于真实系统相同性状数据的一些规则、指令的集合,抽象在其中起着媒介的作用。

模型论的相关理论包括模型集总、模型简化与修改以及模型灵敏度分析和模型有效性及可信性等。

1) 模型集总

一般的基本模型(或称基础模型)提供了对实际系统所有行为的完全解释,模型中包含着实际系统中应有的分量和相互关系。但由于基本模型包含过多的分量及其相互关系,十分复杂且庞大,所以通常是难以得到的,更何况它并不实用。因此,在实际建模时,需排除基本模型里与建模目标甚远或涉及不到的那些分量,并对该描述分量的相互关系加以简化。排除基本模型中次要分量并简化其现存分量相互关系的过程称为模型集总,集总后的模型称为集总模型(Lumped Model)。集总前,为排除基本模型中次要分量和简化现存分量相互关系所作的一些规定或说明,即集总条件被称为建模假设。可见,任何数学模型都是在一定假设条件下得到的。这种假设必须是合理的、科学的,甚至经过验证的。

2) 模型简化与修改

模型简化实际上是将复杂的、精度较高的模型同简单的、精度较低的模型之间进行恰当的折中,即为复杂系统准备一个低阶、低维的近似模型,使其计算、分析和试验上都比原集总模型(简称原模型)容易处理,而又能提供满足建模目标关于实际系统的足够多的信息。由此定义出发,简化后的模型应该近似地等效原模型。

3) 模型灵敏度分析

模型灵敏度反映了当模型输入变化时模型输出的响应状况,用以分析诸多输入变量中哪些对输出有重大影响,以及模型输出变化与输入变化的关系。这种分析主要解决的问题是通过某种方法计算(或估计)参数变化对系统模型的影响,从而确定出构成模型的诸因素对模型的紧密、稀疏程度,并以此作为模型设计的重要依据之一。因此,模型灵敏度理论又称为模型灵敏度分析理论。

4)模型有效性及可信性

在系统建模和模型使用中,对模型是否能准确地描述被研究的实际系统,由数学模型转化的仿真模型是否准确地表示数学模型的输入、输出参数和逻辑结构,能否按预期要求执行,以及能否放心地使用这些模型及其产生的仿真数据等问题的探究就是模型有效性问题。进一步讲,模型有效性就是在对模型所作的预测精度为基准,反映实际系统数据和模型数据之间的一致性,即实际系统与模型的 I/O 的一致性。

模型的有效性可以根据获取的困难程度分为 3 级水平,即复制有效、预测有效以及结构有效,又可以被称为重要性、复制程度和重构性。

模型可信性是指模型必须经过检验和确认,成为代表实际系统的有效模型。从使用者的角度讲,可信性是用户在模型中看到适合自己的性能,并且拥有对模型或仿真能够服务于其目的的信心。更准确地说,可信性是系统研究和制造者应用模型或仿真解决具体问题及进行决策的信心。若决策者和其他关键项目人员承认模型或仿真及其数据是"正确的",则模型或仿真及其数据就具有可信性。

2. 相似理论

在人类对世界的认识过程中,逐渐发现了很多事物间不仅仅外在表现相似,更发现它们内在规律的相近和类似,由此人们将发现的想象抽象为理论,并产生了众多的学科知识,所以相似现象是客观世界中普遍存在的一种现象。相似是仿真得以进行的基础,仿真科学与技术就是用人造的仿真系统去研究事物,由此产生了相似理论。

相似理论是系统仿真学科最主要的基础理论之一,主要是对各类事物之间相似规律的描述,是一种特定的科学观点,或者可以说是一种科学的思维方式与方法。事物之间存在的相近的、类似的特性为相似性,其实相似性不仅存在于不同的事物之间,甚至在同一系统内部不同层次之间也可能存在自相似性。在系统仿真中的相似理论主要是为了使仿真模型可以准确地对研究对象进行仿真,而寻找不同事物、系统、信息之间的相似性的理论,是使仿真成为现实的基本理论,因此系统仿真中的相似理论所研究的范围要小于普通的相似理论。

根据相似理论的内涵,可以将其分为相似的基本理论、实物模型相似理论、数学模型相似理论、简单系统相似理论、复杂系统相似理论等。

1)相似的基本理论

相似的基本理论主要是对相似的基本概念和基本理论的研究,包括相似、相似域、相似规则、强相似、弱相似及相似性度量等。相似主要是指两个截然不同的事物在某一特征上存在相近或类似的性质(特性),可称这两个事物之间存在相似关系,如航天系统中,航天器与行星的轨道运动具有相似性,而两个事物所有相似的特征组成的集合称为相似域。如果两个事物之间的相似关系在相同的相似域上,按一定的规则,满足传递性,则称为强相似,否则称为弱相似。对于简单的线性系统可以通过相似特征比例度量其相似程度,而这种度量方法在非线性系统中并不适合。

2)实物模型相似理论

在实物模型中,相似理论主要以物理相似、几何模型相似为基础,研究实物与人造模型的相似,包括实物模型的几何相似、运动学相似、动力学相似三部分。在实物模型相似理论研究的基础上,诞生了物理学方程式两边物理量纲必须完全相同的量纲原理和伯金罕的相似三定律,有力地指导了实物模型仿真试验。

3)数学模型相似理论

数学模型相似理论是通过对真实对象数学模型的研究,揭示真实事物之间的规律,主要是以表述不同类事物的数学表达式为相似基础,在研究不同的学科领域的问题时,可以通过运行该领域的数学模型,来揭示研究对象之间的相似规律。数学模型相似理论主要针对连续系统和离散系统的动力学问题以及场的相似、概率、模糊集、粗糙集的数学规律相似和图的相似等方面。

4)简单系统相似理论

简单系统相似理论主要是重点研究两个系统的结构、功能、性能、存在与演化,包括系统结构的相似、系统功能和性能的相似、系统人机界面的相似以及系统存在和演化的相似。

5)复杂系统相似理论

复杂系统是出现混沌现象且不能用还原论来研究的系统。复杂系统相似理论是指两个复杂系统的非线性、涌现性、自治性、突变性等性质上的相似理论,包括复杂系统的非线性相似、涌现性相似、自治性相似、突变性相似等。

3. 系统辨识理论

系统辨识理论是系统建模的最重要现代基础理论之一,它将传统的试验法建模提升到了一个新水平,通过充分发挥计算机和辨识技术的作用,使辨识成为最广泛的现代系统建模手段。

传统的建模方法虽然很多,但从根本上讲主要有3类,即机理分析法、试验法和定性推理法。试验法又称为试验统计法,其实质是以大量的实物试验为基础,进行数理统计,最终获得系统的统计模型。近年来,系统辨识方法和技术的出现,使试验法产生了新的生机,创造了从实际系统运行和试验数据处理中获得模型的方法,这就是系统辨识。

　　最早的系统辨识定义是由 L. A. Zadeh 于 1962 年给出的："系统辨识是在输入—输出的基础上,从系统的一类系统范围内,确定一个与所试验系统等价的系统。"P. Eyklioff 于 1974 给出了一个相应定义："辨识问题可以归结为一个模型表示客观系统(或将要构造的系统)本质特征的一种演算,并用这个模型把客观系统的理解表示成有用的形式。"这种有用形式实际上就是数学结构形式,即数学模型,常用的数学模型有代数方程、微分方程、差分方程、状态方程、传递函数、时间序列、表格、曲线、逻辑表达式及模糊函数等。

　　系统辨识具有 3 个基本要素,即模型、数据和准则。而确立这 3 个要素是基于以下几个原因:①系统辨识的目的在于建立模型;②输入和输出观测信息通常均以数据形式出现;③等价系统(或称数学模型)只能是近似的,所以必须在辨识中事先规定一个准则函数,以控制其近似度,一般简称为准则。

　　基于上述 3 个要素,在系统辨识过程中,系统辨识一般流程如图 2-3 所示,主要包括四个方面:①辨识试验设计;②模型结构辨识;③参数(非参数)辨识;④模型检验。对给定的一种辨识方法,从辨识试验设计到获得最终模型,一般需要如下步骤:根据辨识的目的,利用先验知识,初步确定模型结构,采集数据,然后进行模型参数和结构辨识,最后经过验证获得最终模型。

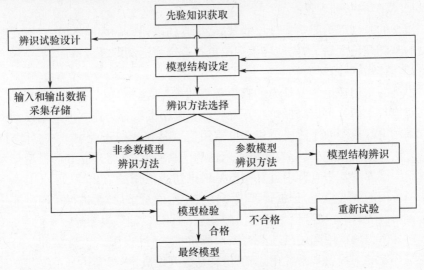

图 2-3　系统辨识一般流程

　　系统辨识中采用的辨识方法分为非参数辨识与参数辨识。非参数辨识是一种经典方法,它采用非周期或周期的连续时间输入作用激励,使被识系统产生响应,通过测定系统输出响应,从而求得以时间或频率为自变量的试验响应曲线,即所需要辨识的系统非参数模型。按照在被识系统(或过程)上施加的输入作用形式不同,非参数辨识被区分为阶跃响应法、脉冲响应法、相关函数法、局部辨识法、频率响应法等。

参数辨识法是针对参数模型的辨识方法,实质是对模型参数的估计,因此又称为参数估计法。目前,参数辨识方法相当多,但基本可归结为最小二乘法、极大似然法、随机逼近法和预报误差法等四大类。

2.2.2 仿真建模理论

仿真的前提是建立相应的模型,这是建立仿真系统的第一步,也是仿真系统的基石,直接决定着仿真结果是否真实有效。仿真建模理论是将所研究的实际系统抽象映射成仿真模型的理论和方法,主要以仿真的基础理论为指导,以各应用领域内的科学理论为基础,建立符合仿真应用要求、通用或各领域专用的各种模型,是研究模型的一般理论和构建模型的理论。

1. 模型的一般理论

模型的一般理论主要研究应用对模型的需求,建立仿真模型所需要遵守的原理。模型的一般理论主要包括模型的基础理论、重用理论、分解与组合理论、互操作理论、多分辨率理论、可信性理论等。

1)模型的基础理论

模型的基础理论是建模理论的基础,也是仿真建模的内涵本质,只有在明确模型的基础理论之后,才能使建模理论更符合建模活动的领域特征。

2)模型的重用理论

模型的重用理论主要是为了避免重复建模,重复运用已建立的模型不仅能提高建模效率而且可以降低仿真开发成本。模型重用分为建立可重用模型以及仿真调用重复模型两个阶段。建立可重用模型是在建模过程中,通过可支持重用的方法和技术,建立具有较高可重用性的仿真模型,并将建立好的模型存入到可重用模型库中。仿真调用重复模型是根据仿真应用的需求,从可重用模型库中选择可用的备选模型,分析备选模型在应用中的可重用性,进行重用决策并使用可重用模型,如各类测量敏感器模型、航天器 GNC 计算模型等。

仿真模型的重用问题已逐渐为人们所重视,通过重用成熟模型可以实现仿真系统开发的工程化和系统化,降低仿真系统开发成本,提高仿真系统开发水平和仿真系统质量,形成规模化发展。模型的可重复性是模型本身的一种属性,不依赖与技术、平台、系统等特性。具体的模型重用实现方法包括模型分层重用、模型结构统一、模型的规范化与标准化。

3)模型的分解与组合理论

一个大的系统,是由多个小的子系统组合而成的,而子系统也可由多个部分组成,所以在建立模型过程中,可以将一个模型划分为多个粒度更小、功能单一的基本组成部分,这些小的组成部分或模型原件可以装配为较复杂的完成特定功能的模型组件,以满足仿真任务的需求。如测量敏感器模型又具体包括陀螺加速度计、太阳敏感器、星敏感器等各子模型。

4）模型的互操作理论

在仿真系统内,各模型之间是通过各种交互来实现系统内各模型的协调工作。模型的互操作性是模型的基本属性,它在建模的过程中形成,必须遵守一定的规律才能保证模型有良好的互操作特性。

由于模型从功能、组成、使用方式到支撑环境等方面都存在差异,模型所使用的数据、信息都被存放在多个系统中,而且这些数据的描述和存储都不同,为了解决上述问题,模型的互操作可以划分为技术层互操作、语法层互操作、语义层互操作以及概念层互操作。而实现模型间的互操作要从两个方面来解决:一是模型互操作中的语义理解问题;二是互操作途径,即信息(数据)传递问题,具体为定义交互接口、模型的互操作协议、互操作管理与服务方法、模型驱动的体系结构、互操作性元模型构架方法等。

5）模型的多分辨率理论

在系统、复杂系统建模的过程中,一般采用还原论的分析方法,将事物按系统层次逐层分解,对每一层进行建模,因而层次划分越细,模型的层次越多。因此,同一系统形成了模型的多层次结构,这就是模型的多分辨率,高层次的模型具有较多的全局,底层的模型具有较好的细节描述,在仿真过程中,根据构建模型的信息量和复杂程度,需要选择不同颗粒度和不同分辨率的模型进行仿真,由此可以获取不同的信息和仿真结果,可以适应不同的仿真需求。如在交会对接仿真中,根据各阶段不同要求,远距离导引段只关注模型变轨信息,而对接时,则需要模型的具体机构信息。

由于人的认知习惯需要多分辨率模型以及不同的仿真需求需要不同分辨率模型,在考虑到系统仿真技术的发展,分布式仿真的广泛应用,对模型的多分辨率理论研究已经变得越来越必要。为了解决不同分辨率模型的共存问题,即保证多分辨率模型间的互操作以及时空一致性,需要利用模型的互操作理论以及多分辨率模型之间交互时模型聚合和解聚的方法实现多分辨率模型的一致性,因此模型的多分辨率理论主要包括多分辨率模型之间交互时模型聚合和解聚的方法,多粒度、多分辨率的模型组合技术,模型的体系结构技术,模型接口技术,多粒度、多分辨率模型管理技术等。

6）模型的可信性理论

模型的可信性主要通过校核、验证和确认,这是一个伴随仿真全生命周期的循环往复的过程,通过校核证实模型从一种形式转换为另一种形式的过程是否具有足够的正确性,通过验证考察模型是否准确地描述了真实对象,通过确认说明模型是否满足特定研究目的,如精确度要求等。

模型的可信性理论主要研究模型校核的一般方法,如静态检测方法、动态调试方法、标准实例测试方法、软件的可靠性理论等,模型验证的一般方法如可信性验证法、一致性验证法、定性分析方法以及定量分析方法等,模型确认的理论和方法主要包括模型评估的方法和模型定级、分类、认定的方法。

2. 建模理论

随着仿真的发展,构建模型的理论和技术也逐渐独立出来,形成了比较全面的一套理论,该理论是针对不同系统建模过程中共同的指导思想和方法,主要包括一般动态系统建模理论、变结构建模理论、混合异构层次化建模理论、多范式建模理论、柔性仿真建模理论、综合性建模理论、概念模型建模理论、数学模型建模理论、计算机建模理论、评估模型建模理论等。

1)一般动态系统建模理论

一般动态系统建模理论是将系统中的每一个子系统看作是一个具有独立内部结构和明确 I/O 接口的模块,各个子模块可以通过一定的连接关系组成组合模型,而组合模型可以作为更大的元素使用,从而形成对模型的层次化、模块化描述。

2)变结构建模理论

变结构建模理论主要用于解决系统结构动态变化时的建模问题,用来支持系统模型在仿真过程中动态改变自身的行为模式、改变组成结构关系、改变交互关系等,或者能够根据环境的变化自适应地调整系统结构等。

3)混合异构层次化建模理论

混合异构层次化建模理论用来解决复杂系统多种层次、多种方法建立的模型的组合问题。按照系统模型描述方法内在的一致性,将系统模型分为概念模型、描述模型、功能模型、约束模型、空间模型和复合模型,以描述处于不同层次、不同部分的子系统的行为,从而形成一个具有混合异构特征的多层次组合模型。

4)多范式建模理论

多范式建模理论主要为解决多学科模型的集成问题。通过多范式建模理论研究支持领域模型描述方法、规范和工具的开发,采用公共元建模语言,通过综合、分层、多重视图、异构转化等方法,实现多学科模型的集成,多范式建模有关研究活动可以分为两类:一类是共性的静态建模方法研究,主要是利用各种异构模型共有的模型特征,解决组合模型描述的符号、语法等问题;另一类是特性的动态建模方法研究,主要是利用各种异构模型特有的动态语义,解决连续和离散混合的组合模型分析和生成问题。

5）柔性仿真建模理论

柔性仿真建模理论主要用来解决建模方法、模型和系统的综合集成问题，提出了多面向的建模方法、可扩展的模型框架、易集成的仿真体系结构等。

6）综合性建模理论

综合性建模理论以系统论为指导，对建模对象按功能进行分解，并在局部模型中保留其原有的自适应性和不确定性，体现局部模型之间的非线性交互关系，使整体模型能够有序、自动地演化。

7）概念模型建模理论

概念建模理论的研究对象是概念模型，主要包括概念模型的应用、概念建模语义环境的构造、概念分析方法和概念建模基本步骤以及概念模型文档化，除了以上这些，结合计算机技术，概念建模理论还研究建模的工具化，以及概念模型管理和应用方法。

8）数学模型建模理论

数学模型可以描述为：对于现实世界的一个特定对象，为了一个特定目的，根据对象特有的内在规律，作出一些必要的简化假设，运用适当的数学工具，得到的一个数学结构。通过对系统数学模型的研究可以揭示实际系统的内在运动和系统的动态特性。

9）计算机模型建模理论

计算机仿真建模是建模者对建模对象满足仿真应用需求而建立的、以计算机语言给出的描述，可在计算机中执行。从某种意义上来说，计算机模型是一类特殊的软件：首先它能忠实地映射形式化描述的模型，其次作为一种软件产品要符合仿真的需求，即有用、能用、好用和重用。

2.2.3　仿真系统理论

仿真系统理论主要研究仿真系统及其支撑系统的设计、构建、运行的理论与技术，包括仿真系统基本理论、仿真系统领域理论、构建仿真系统的支撑技术 3 个层次的内容。

1. 仿真系统基本概念

仿真系统基本理论是指导仿真系统研制的共性理论，包括仿真系统的定义与分类、仿真系统体系结构理论、仿真系统设计理论和仿真系统全寿命管理理论。

1）仿真系统的定义与分类

仿真系统是指满足应用目的的需求，运用仿真技术构建的、基于仿真模型进行试验研究的系统。作为仿真学科为社会做出贡献的主要形式,是研究各类复杂问题的得力工具。仿真系统可以有多种分类方法,如依据仿真对象性质分类、依据仿真对象规模和复杂程度分类、依据系统模型性质分类、依据仿真系统实现手段分类、依据仿真系统结构分类、依据仿真时钟与实际时钟关系分类、依据仿真计算机类型分类等。

2) 仿真系统体系结构

仿真系统体系结构决定了仿真系统的主体结构、宏观特性和具有的基本功能及其特性,是整个仿真系统建设的基础和关键所在,它的作用贯穿仿真系统开发的各个阶段。

仿真系统体系结构是从宏观上对仿真系统的各个组成部分及其相互关系的描述,其中,组件包括硬件、软件、仿真资源库、仿真标准等,相互关系包括各个组成部分的布局、层次、界限、接口、信息交换标准、人机交换标准等。由于仿真系统的各层次和各组成部分的组成结构都是明确规范了的,因此,仿真系统体系结构为整个仿真系统的功能和非功能特性的分析提供了全面和具体的依据。

3) 仿真系统设计理论

仿真系统设计主要研究仿真系统的设计原理、步骤、内容与要求,目的是要不断地协调、解决性能要求、成本支撑和研制周期约束之间的矛盾。具体来说,在仿真系统设计中主要包括仿真系统需求设计、仿真系统结构设计和仿真系统用户接口设计等内容。

4) 仿真系统全寿命管理理论

仿真系统全寿命管理主要研究仿真系统从论证、研制、验收、维护、更新、管理到运用相关的技术,贯穿仿真系统的整个寿命周期。它是系统工程在仿真系统领域的具体体现。

2. 仿真系统基础理论

仿真系统基础理论是指导特定领域仿真系统研制的理论,包括仿真系统超现实性理论、仿真运行时空一致性理论、实时仿真理论等。

1) 仿真系统超现实性理论

仿真系统和原系统是两个独立的事物。原系统是自然的或社会客观存在的,不受仿真技术人员控制,有着自己的演化规律,而仿真系统是人造系统,受到仿真技术人员的控制,两者本质上是不同的。构建仿真系统时,要通过相似理论,找到两者的相似域,在这个域中有着一定相似规则下的相似关系,但是仿真系统和原系统中很大部分可能是不相似、不相关甚至完全不同的。因此,仿真系统产生的结果有相当部分不是真实系统的相似物,这是系统仿真的特点,为此,必须加强对仿真结果可信性的评估。

2）仿真运行时空一致性理论

时空一致性是指在仿真运行过程中,各仿真对象的状态和行为必须同所模拟的实际对象的状态和行为保持所需的一致性,即各类事件的触发、实体间的相互影响和状态转移必须符合客观世界所规定的时序和空间关系。时空一致性理论包括时间一致性、空间一致性、自然环境一致性以及电磁环境一致性。实现上述一致性的有效方法就是以仿真公共服务的形式,向系统中的所有仿真对象提供统一、具有标准接口的服务。

3）实时仿真理论

当仿真系统中有实物介入或有人在仿真回路中时,考虑到实物、半实物和人是按真实时间变化和运动的,为此,需研究实时仿真算法,以满足快速性和实时性的要求。

3. 构建仿真系统的支撑技术

主要研究构建仿真系统的支撑技术与工具,包括开发时支撑技术、运行时支撑技术、仿真系统标准与规范。

1）开发时支撑技术

开发时支撑技术包括仿真对象模型开发、仿真成员框架自动生成、仿真系统集成开发等技术和仿真语言等。仿真对象模型开发技术为用户提供快速、高效、直观的仿真对象模型开发手段。仿真成员框架自动生成技术能够生成仿真成员代码框架,开发人员只需添加模型的具体实现代码。仿真系统集成开发技术支持可视化的应用集成、生成仿真应用程序代码。仿真语言是专门用于仿真研究的计算机高级语言,是一种面向问题的非顺序性计算机语言,允许用户不深入掌握通用高级程序语言编程的细节和技巧,把主要精力集中在仿真研究上。

2）运行时支撑技术

运行时支撑技术包括仿真引擎、仿真管理、数据记录与回放、可视化技术等。

3）仿真系统标准与规范

主要研究仿真系统的术语、数据、体系结构、仿真工程等各种标准与规范。

2.2.4 仿真应用理论

仿真应用理论是所有仿真应用中共有的普适性规律,也是指导仿真应用活动的理论,是仿真应用中不可或缺的、应当遵循的原理和规律,它包括仿真的可信性理论、仿真试验设计的原理与方法、仿真的可视化理论与方法、仿真数据结果综合分析和评估的理论与方法、仿真与需求的一致性关系分析理论与方法、仿真标准化技术等。

1. 仿真的可信性理论

仿真应用的可信性理论是应用理论的重要组成部分,所有仿真应用中都存在仿真可信性的问题。该理论表述所有应用领域仿真全寿命周期的可信性规律、可信性控制的基本理论。它包含 3 个方面的理论和方法,分别是仿真可信性基本理论、仿真可信性影响因素的分析理论、仿真可信性的控制方法。

1)仿真可信性基本理论

仿真可信性基本理论主要研究仿真可信性的定义、分类,研究仿真可信性的定量和定性描述方法,研究仿真可信性分析与评估的方法和技术。仿真可信性可以分为 4 个组成部分,即数据可信性、模型可信性、仿真系统可信性以及仿真试验可信性。除仿真试验可信性外,其余每一部分都会对其他部分产生影响。

在不同系统中,可以采用不同的方式对系统的可信性进行度量。在确定性仿真系统可采用误差理论评估可信性。简单线性系统仿真、统计性系统仿真的可信性评估也有一些成熟的方法。不确定性系统仿真的可信性分析,用到概率、模糊、粗糙集等数学工具,已有一定方法。复杂系统仿真的可信性分析目前还面临较大的困难。

2)仿真可信性影响因素的分析理论

仿真可信性影响因素的分析理论主要根据仿真可信性的组成,分析影响仿真可信性的主要因素。从仿真可信性的影响因素入手,研究降低这些因素对仿真可信性的负面影响的理论方法。其中,数据校验验证与认证(VV&C)理论、模型校验验证与确认(VV&A)理论、仿真试验全过程的合理性分析理论是确保这个目标实现的 3 个关键的理论。

3)仿真可信性的控制方法

仿真可信性的控制方法主要用来提高仿真系统的可靠性、可重用性等。总体上来说,仿真可信性控制的方法是:在仿真的全寿命周期中的各个阶段,严格遵循数据 VV&C 和 VV&A 原则,执行 VV&C 和 VV&A 过程,对仿真试验的全过程进行控制;通过运行仿真系统,得到仿真结果,再采用合适的方法分析、评估仿真可信性,如果可信性满足仿真应用需求,则接受仿真结果。否则,应该采用跟踪、回溯等方法确定仿真可信性不能满足仿真目的的原因,修改相应的数据、模型和仿真试验方案,并反馈到仿真中。重复上述过程,直到仿真可信性满足要求为止。

2. 仿真试验设计原理与方法

仿真试验是在已建好的仿真系统上,根据研究目的,设计仿真试验的初始条件,设置试验环境,运行仿真系统,获取仿真结果并分析得出相关结论。包括优化试验设计、控制仿真的初始条件、严密地组织试验以及准确的试验结果分析等步骤。

仿真试验设计的任务就是以优化数学知识为理论基础,结合专业知识和实践经验,科学、合理地安排仿真试验,充分利用和科学地分析所获取的试验信息,从而达到能明确回答研究项目所提出的问题的目的。仿真试验设计与仿真要达到的目的密切相关,所设计的仿真试验要充分发挥仿真系统的作用,揭示真实系统的内在规律。如何科学、合理地安排仿真试验,以尽可能少的试验次数获得较好的试验效果,是仿真试验设计需要回答的问题。

3. 仿真的可视化原理与方法

仿真的可视化技术是通过计算机可视化技术将仿真活动中的过程、现象、事物用人们视觉可以观察的方式表现出来,它的本质就是仿真活动的可视化,常称为虚拟现实,在所有的仿真活动中均有应用。可视化描述的是 5 个要素之间的关系,包括可视化的实现者、可视化对象、对象的可视结果、观察者以及观察者对对象的认识结果。根据可视化理论,将仿真系统中原不可见的仿真对象、海量数据中初始数据和结果数据以直观的形式表现出来,提供给用户一个良好的观察方式,能够监视仿真全过程,对仿真中出现的问题及时追踪和纠正,保证仿真的正确性。

4. 仿真结果综合分析和评估的理论与方法

仿真结果的综合分析和评估包括各种评估理论和方法在仿真结果处理中的应用。对仿真结果的分析与评估是研究系统问题的重要手段,其评估方法可分为“2 个层次、3 种模式”。“2 个层次”指的是单项评估与综合评估,“3 种模式”指的是单项评估层次下的单一方法评估、综合评估层次下的组合评估、综合评估层次下的整体评估。单项评估有狭义和广义 2 种理解。狭义的单项评估是指对系统的单项组分、属性或功能的评估,在多指标系统评估中可以指对单项指标的评估。广义的单项评估是指对系统采用单一方法进行评估。

综合评估是与单项评估对应的概念层次,体现了分析与综合、局部与整体的系统论思想。综合评估既包括对各单项评估结果的“自下而上”组合,又包括以整体论的观点从顶层角度直接研究系统的宏观本质。其中,组合评估指的是通过一定的综合方法、按照对象各部分之间的有机联系将单项评估的结果进行整合,尽力达到从整体上评估的目的。整体评估则是对系统所表现出的特有的整体性质进行评估,是最能够体现系统真实表现的评估角度,也是一切综合评估所追求达到的最理想目标。

仿真是整体研究系统最有效的手段,整体评估的基础理论和方法也就成为仿真结果综合分析与评估的理论与技术手段,包括以下几种形式。

(1) 基于定量仿真的系统整体评估。基于定量仿真的整体评估可用于回答系统运行是否实现预期功能以及功能实现的效率等问题,包括系统功能评估、系统性能评估等。

(2)基于定性仿真的系统整体评估。基于定性仿真的整体评估在处理不完备知识、深层知识以及决策等方面具有其独特优势。定性仿真技术在整体评估中发挥着越来越大的作用,目前发展最为成熟的就是 Kuipers 定性仿真理论。

(3)基于系统动力学仿真的系统整体评估。系统动力学是以反馈控制理论为基础,将信息反馈的控制原理和因果关系的逻辑分析结合起来,分析和模拟系统的动态过程,建立系统仿真模型,寻求解决问题的正确途径。

(4)基于网络动力学的系统整体评估。网络动力学的思路是为系统的每个节点加上一个动力学系统,从而建立系统的仿真模型,评估系统的整体效能。

5. 仿真与需求的一致性关系分析理论与方法

需求分析阶段是仿真系统开发过程中的一个重要阶段,要求开发人员要准确理解仿真对象,进行细致的调查分析,将非形式的需求陈述转化为完整的需求定义,再由需求定义转换到相应的需求规格说明,其基本任务包括确定对问题的综合需求,通过分析与综合导出仿真系统的逻辑模型。需求分析的最终成果是要保证与仿真的应用目的一致,从而精确地阐述一个仿真系统必须提供的功能和性能,以及所要考虑的限制条件。仿真系统和应用目的的一致性是仿真系统研制成功与否的主要标志,一致性关系分析方法主要包括结构化分析方法、面向对象分析方法、面向问题域分析方法等。

2.3 复杂系统仿真方法

2.3.1 分布交互仿真

1. 分布交互仿真概念及发展历程

分布交互仿真(Distributed Interactive Simulation,DIS)是近 10 年来日益受到人们重视的现代并行仿真技术之一。它是指在高速计算机网络支持下,将分布在不同地点的仿真设备联结起来,通过仿真实体间的实时数据交换,在时空一致的人机交互仿真环境中并行进行仿真试验的一种先进仿真技术,是当今仿真技术研究的重要领域之一,其较高的工程应用价值,尤其在军事领域的应用价值,已引起世界各国的广泛重视。

分布交互仿真是并行仿真网络化思想的进一步发展。尽管在 20 世纪 80 年代初就出现了多台计算机联网仿真,并作为一种松连接的并行仿真技术加以使用,但是,随着计算机网络技术的迅速发展,网络传输速度大大提高,而多处理机系统无论其硬件技术还是软件技术(特别是并行操作系统和并行语言)却步履缓慢,加上仿真技术所面对的问题规模日益庞大,种类也日趋增多,于是人们重新着力于分布式仿真技术的研究。

分布交互仿真的特点主要表现在分布性、交互性、异构性、时空一致性和集成开放性。分布性分为地域上分布、功能和计算能力分布,地域上分布是指各仿真节点用网络互连,以实现共享一个综合环境。功能和计算能力上分布是指在分布交互仿真中没有中央计算机,各仿真节点的地位是平等的,分布交互仿真中的仿真节点具有自治性,即仿真节点既可以联网交互运行,也可以独自运行各自的仿真功能。交互性一方面是指人与系统之间的互操作,例如人与交会对接系统的互操作、各航天器系统间的互操作,以及航天器与各种环境之间的交互作用等;另一方面是指需要协调一致的结构、标准和协议。此外,分布交互仿真必须保证仿真系统中的时间和空间与现实世界中的时间和空间的一致,要求实体状态的实时更新、实体间的信息必须是实时传输以及图像显示必须是实时生成,这样才能使通过计算机生成的综合环境具有真实感,具有较高的可信度。分布交互仿真系统另一个突出的特点是对已有系统的集成,如何将这些地域上分散、不同的制造厂商开发、系统的硬件和软件结构配置各不相同、实体表示方法与描述精度各异的仿真节点联结起来并实现互操作,就成为研究人员亟待解决的问题,也是 DIS 中的关键。

分布交互仿真技术经历了 SIMNET、DIS、ALSP 和 HLA 等几个典型发展阶段,如图 2－4 所示。当前,HLA 在军事上得到了许多成功的应用,正成为新一代分布式仿真系统建立与应用的标准。但它还存在不足之处,随着仿真需求、仿真技术和各种支撑技术,特别是随着 Internet、Web/Web Service、网格计算(Grid Computing)等网络技术的发展,其技术内涵和应用模式必将得到不断的扩展和丰富。

1983 年,美国国防高级研究计划局和美国陆军共同制定了 SIMNET(Simulator Networking)合作研究计划,将大量分散在各地的仿真器用计算机网络联系起来,构造一个可以交互的虚拟战场,并提供一个群体协同训练的环境,特制定了仿真器的联网标准和协议,即"SIMNET 网络和协议"。

SIMNET 主要适用于同构类型的仿真器,采用了对象/事件的系统结构,仿真节点具有自治性,将 DR(Dead Reckoning)算法等技术作为分布交互仿真的技术基础。

尽管 SIMNET 计划获得了成功,但它不具备聚合其他异构仿真器(如飞机之类的高速仿真器)的能力。为解决异构仿真器之间的互连与互操作问题,以便在不同层次上应用建模与仿真技术,1989 年 3 月由美国佛罗里达大学的仿真与训练研究所(Institute of Simulation & Training,IST)主办召开了第一届 DIS 研讨

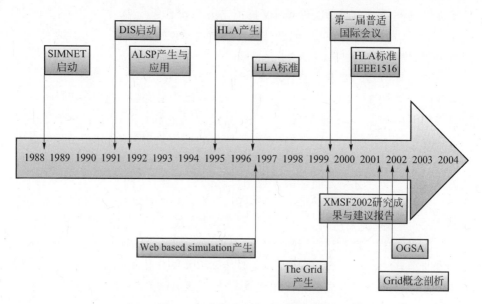

图2-4　分布交互仿真发展阶段

会,并成立了 DIS 标准工作小组。为了更好地领导和组织建模与仿真技术的开发和利用工作,美国国防部于 1991 年 6 月组建了国防部建模与仿真办公室(Defense Modeling and Simulation Office,DMSO)。在 1992 年 3 月召开的第六次 DIS 技术研讨会上,美国陆军仿真训练装备司令部提出了 DIS 的基本结构。经过多年的工作,DIS 标准已具有从 DIS2.1 ~ DIS2.5 共 5 个文本,这些文本已从 1995 年开始逐步定为 IEEE1278 系列标准。这些标准分别规定了仿真交互协议、通信服务及其框架、作战演习的管理、仿真系统的检验、验证和确认(Verification,Validation and Accreditation,VV&A)等技术规范。

　　DIS 的局限性主要体现在它集中应用于平台级连续、实时、人在回路的仿真,不能支持逻辑时间仿真系统,难于支持聚集级系统仿真,其固定的 PDU 格式和枚举型定义使 DIS 系统是一个封闭的、欠灵活的系统。尤其是基于广播方式的体系结构对于较大规模系统(500 个以上实体)可扩展性差。此外,非可靠的数据传递方式,大量冗余数据的处理和非客户定制方式的数据接收方式使系统缺乏灵活性。

　　聚合级仿真协议(ALSP)是与 DIS2.0 并行产生的,其背景是军事仿真的需要,DARPA 委托 Mitre 公司对试验进行分析研究。1991 年,Mitre 公司参照 SIMNET 对试验进行了技术分析,提出了聚合级仿真协议(ALSP),并开发出了聚合级仿真的基础支撑软件原型,用它进行了第一次试验,成功地实现了两个聚合级仿真模型的互连与交互,这两个仿真器分别是陆军军团作战仿真(Corps Battle

Simulation,CBS)和空军空战仿真(Air Warfare Simulation,AWSIM)。

初期的 ALSP 是采用集中的时间管理策略来协调分布仿真部件间的仿真时间推进,保证事件的因果关系。中期的 ALSP 采用分布的时间管理服务,并引入新的数据管理服务层。而发展到如今,ALSP 主要采用基于消息的程序接口,提出了 ALSP 通用模块 ACM(ALSP Common Module),支持 ALSP 与具体应用系统实现的无关性,增强其灵活性。

ALSP 的优点在于聚合级实体对网络带宽的要求较低。但是,实现聚合解决过程在目前的 ALSP 体系结构和技术条件下是比较困难的。同时,ALSP 目前的体系结构在系统性和完备性方面还需要进一步发展和深入研究。

随着计算机技术、网络技术和仿真技术的发展,分别建立在 DIS 2. x 系列标准和 ALSP 标准上的分布交互仿真在技术和体系结构方面显示出一定的局限和不足,其中尤其表现在互操作和重用性等方面。因此在新的需求下,为了充分利用现有相关新技术,美国国防部正式颁布了针对建模仿真领域的通用技术框架。该框架主要包括任务空间概念模型(Conceptual Model of the Mission Space,CMMS)、高层体系结构(High Level Architecture,HLA)和数据标准(Data Standard, DS),核心为高层体系结构 HLA。

HLA 仿真标准的主要目的是为了解决仿真系统的互操作和重用问题。因此,HLA 力求涵盖建模仿真领域中所涉及的不同类型的仿真系统,期望通过提供一个具有开放性、灵活性和适应性的体系结构,采用标准方法解决联邦模式仿真中存在的固有问题,支持对未来新技术的充分兼容与应用,支持对不同仿真应用及其组件的重用,支持用户分布、协同地开发复杂仿真应用系统。

随着分布交互仿真技术的不断发展,各类标准与技术,如仿真与 Web/XML、Internet/Networking 技术相结合的 XMSF(Extensible Modeling and Simulation Framework)和 BOM(Base Object Model)、仿真网格、云仿真平台等,都在不断地开发完善,并应用于实际系统中。

2. HLA 的概念及特点

随着计算机技术的发展,国防领域中对于计算机仿真的需求越来越广泛。随着军用仿真领域不断扩大的功能需求,DIS 逐渐在各个方面显露出灵活性和扩展性方面的局限:

(1) DIS 只提供实时时间机制,不能满足仿真领域中存在的多种时间机制的仿真应用。

(2) DIS 的点对点连接方式及消息的广播发送方式不能适应大规模网络仿真的需要,在节点增多的情况下,难以保证实时交互。

(3) DIS 提供的 PDU 种类及 DR 算法有限,且难以增加新的类型,因而很难将现有的和未来的仿真全部纳入其体系结构中去。

（4）无论节点状态发生了怎样的变化，都要发送一个完整的 PDU 报文，并且发送给网上所有节点，增加了通信量。

为了实现各种类型的仿真应用之间的互操作以及仿真应用与其部件的重用，HLA 应运而生。HLA 是 1995 年 3 月美国国防部（DOD）发布的建模与仿真大纲（DOD M&S Master Plan）第一个目标，即开发建模和仿真通用技术框架中的首要内容，其主要的目的是促进仿真应用的互操作性和仿真资源的可重用性。1996 年 10 月，美国国防部正式规定 HLA 为国防部范围内仿真项目的标准技术框架，并开始推行 HLA，用它代替原有的 DIS、ALSP 等标准，同时提交 IEEE 作为 IEEE1516 发布，2000 年 9 月成为国际通用的标准。HLA 摆脱了根据需要来不断完善、修补现有系统的局面，而是从全局的观点出发，全面规划出基于网络的分布式仿真的技术框架，为今后的长远发展制定出一个合理的结构。

与 DIS 相比，HLA 虽然也属于分布交互仿真的范畴，但采用了不同的体系结构。HLA 克服了 DIS 灵活性和扩展性方面的局限性，是一种更开放的体系结构，可以容纳包括政府部门、工业部门以及国防部门在内所有类型的仿真应用。基于 HLA 标准的仿真系统能满足多方面的应用需求。由于 HLA 具有许多的优点，包括模型的可重用性、互操作性、能提供更大规模的将构造仿真/虚拟仿真/实物仿真集成在一起的综合环境、可以建立不同层次和不同粒度的对象模型等，基于 HLA 标准开发的模型可以实现广泛的用途。

（1）良好的重用性，使得为一个仿真应用开发的模型能在不同的仿真应用中实现共享，从而大大节省新系统的开发费用和开发周期。

（2）良好的互操作性，使得不同的 HLA 应用模型能实现集成，实现基于网络的多子系统的交互和对抗仿真。

本书介绍的交会对接仿真平台即是基于 HLA 的仿真平台。

3. HLA 的组成

HLA 作为建模仿真的高层体系结构，其作用在于促进建模与仿真资源的高效开发和重用。HLA 标准主要由三部分组成，如图 2 - 5 所示。

（1）规则（Rules）：保证在联邦（Federation）中，仿真应用（联邦成员）间能正确实现交互的原则和协定，描述各联邦成员的责任及它们与运行支撑环境（Run Time Infrastructure，RTT）的关系，是对象模型模板（OMT）和接口规范说明（Interface Specification）的设计原则。

（2）对象模型模板（Object Model Template，OMT）：为定义 HLA 对象模型提供通用的标准格式模板，以促进模型的互操作性和资源的可重用性。

（3）接口规范说明（Interface Specification）：描述联邦成员和 RTI 间的接口。

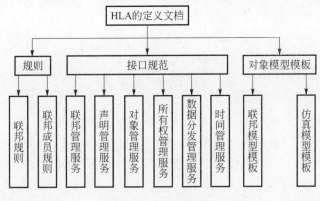

图 2 - 5　HLA 标准

4. HLA 的规则

HLA 规则是指在开发和执行 HLA 过程中,所有的联邦及其成员必须符合的要求。HLA 标准已成为正式标准 IEEE1516,现有的规则共有 10 条,其中前 5 条是对联邦而言,后 5 条是针对联邦成员。

联邦规则:

(1) 每个联邦有一个联邦对象模型(Federation Object Model,FOM),并且该 FOM 格式要符合 HLA 中的 OMT 规范。

FOM 将联邦中所有仿真应用互相传输的数据记录成文档,这样所有的仿真应用都对整个联邦中互相传输的数据有一致的理解,并且这样做,方便了仿真应用今后重用到其他的仿真系统中。

(2) 对象实例的创建以及属性值的维护由联邦成员负责,而不应在 RTI 中进行。

与各个仿真应用相关的对象实例只应定义在仿真应用中,RTI 只是在各个仿真应用间传输数据,不负责定义对象实例。

(3) 在一个联邦运行过程中,FOM 中规定的各个仿真子系统间的数据交换必须通过 RTI 进行。

在仿真中,各应用间传输数据的服务全部由 RTI 提供,所传输的数据就是在 FOM 中定义的所有数据。各个仿真应用之间的互动一定是由 RTI 完成的,而不会直接联系。RTI 还提供了时间管理、联邦管理等各类服务,以协调仿真应用间的时间推进,管理整个联邦,这样就保证了 RTI 真正成为各个子系统间通信的桥梁。

(4) 当一个联邦运行时,其内所有仿真应用都应遵循 HLA 接口规范与支撑软件 RTI 进行通信。

HLA 以 API 的形式规定给出了联邦成员与 RTI 交互的统一的接口,因此仿真应用的开发者与 RTI 的实现者之间在开发过程中只需遵循 HLA 给出的 API 即可,也就是说所有基于 HLA 平台的应用程序都会使用 HLA 规定的接口与外界交互。

(5) 仿真系统运行时,最多只能有一个仿真应用可以提供某个对象实例的属性值。

HLA 中提供机制,可以使一个对象实例的某个属性的值由参与仿真的不同成员提供,但为了保证联邦中数据的一致性,给出了本规则,这是 HLA 提供给用户的灵活机制之一。此外,HLA 还提供了将属性动态地从一个联邦成员转移到另一个联邦成员的机制。

联邦成员规则:

(1) 每个仿真应用必须有一个 SOM,并且要符合 HLA OMT 格式。

在 SOM 中规定了该仿真应用向仿真系统公布的对象类以及交互类的信息,也就是这个成员可以向其他仿真子系统提供的数据信息。SOM 是支持联邦成员重用的必要条件,描述 SOM 的标准格式给仿真联邦开发者提供了一种方法,使它能快速决定已有的仿真系统能否在新建联邦中进行重用。

(2) 联邦成员应能更新和反射其 SOM 中规定的对象属性,也能发送和接收 SOM 中规定的交互类。

某仿真应用在仿真运行时,通过 HLA 服务向其他仿真应用提供某个实例的属性值,提供属性值的仿真应用的动作称为"更新",接收这个属性值的仿真应用的动作称为"反射"。

(3) 在仿真运行过程中,每个联邦成员对自己的 SOM 中规定的对象类的实例属性进行更新的权利可以转移给其他的成员,其他成员可以有接收的权利。

HLA 允许不同的联邦成员拥有同一对象实例的不同实例属性。因此,为某一目的设计的联邦成员可以用于另一目的的联邦。在联邦成员的 SOM 中,将联邦成员的对象类属性规范化,联邦成员就可以动态地接收和转移这些实例属性的所有权,通过赋予联邦成员接收和转移实例所有权的能力,使得一个联邦成员能在未来的联邦中具有广泛应用的可能。

(4) 仿真应用更新对象实例有时是有条件的,达到某种条件才调用 RTI 服务进行更新,针对不同的订购者,更新条件可能也会有所不同,公布者应该能够改变更新实例属性值的条件。

(5) 联邦运行时,每个联邦成员都有自己的仿真时间,各个联邦成员的仿真时间并不相同,所以为了正确仿真,联邦成员必须管理好自己的仿真时间,从而保证它能协调地与联邦中的其他成员交换数据。

上述 10 条规则是 HLA 从联邦以及联邦成员两个角度对联邦设计和开发提

出的最基本准则,旨在保证仿真运行时仿真应用间可以实现互操作,对于 HLA 仿真来说,这些规则是相当重要的。

5. 对象模型模板(OMT)

在 HLA 中,为了提高仿真应用的互操作性和可重用性,一个关键步骤是设计和建立仿真应用的对象模型。在 HLA 中一共有两种对象模型,分别为成员对象模型(SOM)和联邦对象模型(FOM)。

成员对象模型(SOM)是一种标准化的对象模型,每个仿真应用都拥有一个 SOM,记录其可以向其他成员提供的数据信息,以及它需要从其他成员处接收到的信息。SOM 体现了所属仿真应用的特征,是实现仿真应用可以重复使用的必要条件。SOM 使得系统中所有成员对相互之间交换的信息有统一的理解。联邦对象模型(FOM)是所有联邦成员的 SOM 的集合,也就是各个联邦成员间互相传输的信息的集合,每个联邦都拥有一个 FOM。

实际上,对象模型有多种描述形式,而 HLA 中规定了一种统一的表格描述方法,即对象模型模板(OMT)来描述对象模型,HLA 规定 FOM 和 SOM 必须按照对象模型模板(OMT)来描述。

OMT 主要是为仿真系统中不同成员间的数据交换与协作提供了统一的理解机制与描述格式,其目的就是为了加强仿真应用间的交互能力与提高仿真应用可重复使用到其他系统中的能力。OMT 对仿真应用间交换的数据利用表格的形式进行规范化的描述,通过这些规范化的描述,参与联邦运行的各成员就会对联邦中传输的数据有一致的正确理解,有助于整个仿真系统的开发。而且以表格这种文档的形式对联邦成员间传输的数据进行规范化描述,可以使开发人员较快地判断出仿真应用是否可以在新的仿真系统中使用,有利于仿真应用的重复使用。

1998 年 4 月 20 日,美国国防部公布了 HLA OMT 的 1.3 版本,它由以下 9 个表格组成。

(1) 对象模型鉴别表:记录鉴别 HLA 对象模型的重要信息。

(2) 对象类结构表:记录联邦/仿真中的对象类及其父类 - 子类关系。

(3) 交互类结构表:记录联邦/仿真中交互类及其父类 - 子类关系。

(4) 属性表:说明联邦或联邦成员中对象属性的特性。

(5) 参数表:说明联邦或联邦成员中交互参数的特性。

(6) 枚举数据类型表:对出现在属性表/参数表中的枚举数据类型进行说明。

(7) 复杂数据类型表:对出现在属性表/参数表中的复杂数据类型进行说明。

（8）路径空间表：指定联邦中对象类属性和交互类属性的路径空间。

（9）FOM/SOM 词典：记录上述各表中使用的所有术语的定义。

对于 HLA 中的联邦和联邦成员都要使用上述的 9 个核心 OMT 表，所有的 HLA 对象模型至少包括一个对象类或一个交互类，但根据不同的情况，某些表格可能是空表。例如，在一个联邦中，某些成员对象之间需要进行属性信息交换，但它们之间没有"交互"，则该联邦的 FOM 的交互类结构表将为空，相应的其参数表也为空。一般情况下，如果成员中的对象具有其他成员都感兴趣的属性的话，那么这些对象及其属性都需要在 SOM 中描述。但是，如果某个联邦成员甚至整个联邦只通过"交互"来交换信息，那么它的对象类结构及属性表都将为空。对于 SOM 来说，其路径空间表总为空，因为它的信息交换局限于其内部；而对于 FOM 来说，如果整个联邦都不使用数据分发管理（Date Distribution Management，DDM）服务，其路径空间表也为空。

6. HLA 接口规范说明

在 HLA 框架下，仿真过程的管理服务以及数据通信服务可以被整合到一起，但 HLA 只是一个标准，实际上，RTI 是对它的实现。RTI 是遵循 HLA 接口规范开发的一个软件系统，是向仿真应用提供通用服务的软件的集合，也是 HLA 仿真系统进行分层管理控制、实现分布式仿真可扩充性的基础，但其本身并不是规范的组成部分。HLA 框架规定仿真应用间的通信使用统一的应用程序接口，这套统一的 API 是由 RTI 实现的。

RTI 作为 HLA 的核心，是 HLA 其他关键技术研究的立足点。RTI 是仿真程序设计和运行的基础，它的功能与分布式操作系统类似，为 HLA 中规定的各种服务提供了仿真运行时的各种管理服务，如仿真过程的暂停、继续，仿真过程执行的保存、恢复，联邦成员之间的协调推进等；同时提供了底层传输通信服务，使得开发人员可以通过调用 RTI 相应的发送接收数据的服务，就很方便地实现与其他仿真应用间信息的传输。

下面介绍 RTI 实现的 6 类服务：

（1）联邦管理服务。对一个联邦执行的创建、动态控制、修改和删除等过程，是向仿真应用提供加入或退出仿真系统的服务以及其他协调和管理整个系统的服务。各个仿真应用虽然有自己的局部时钟，但在各个联邦成员的仿真推进过程中，相互之间的协调是必须的，因为各个成员是在一个相同的仿真系统中进行仿真。这时，就需要联邦管理中提供的有关同步点的服务。在 HLA 接口规范中，一共定义了 20 项服务，根据服务功能可以分为对联邦执行的创建/删除服务、联邦成员间的同步服务以及设置同步点的服务。

（2）声明管理服务。为解决数据传输过程中存在的大量冗余信息，保证数据的传输可靠性与扩缩性,HLA 采用了数据过滤机制,这种机制可以在两个层次上表达,即类层次和实例层次。声明管理为联邦成员提供了类层次上的表达。仿真应用使用该服务向 RTI 说明自己希望获得其他成员提供的哪些对象类交互类信息,以及自己可以向其他成员提供哪些对象类交互类信息,这种方式在 HLA 中称为公布订购。公布就是仿真应用向 RTI 说明自己可以向其他成员提供哪些信息;订购就是仿真应用向 RTI 说明自己在仿真过程中希望获得其他成员提供的哪些数据。只有仿真应用向 RTI 公布自己可以产生的消息后,才可以注册对象实例,更新实例的属性值以及发送交互;只有仿真应用订购了对象类或交互类后,才能接收实例属性值或交互类消息。RTI 通过公布订购的方式,避免了使用广播的方式传输信息,大大减少了冗余数据的传送。

(3)对象管理服务。HLA 对象管理主要是在声明管理的基础上,提供与数据传输有关的服务,包括对象实例的注册/发现、属性值的更新/反射,交互实例的发送/接受以及对象实例的删除等功能。RTI 中传输的数据方式有两类:一类是通过传递对象实例的属性值;另一类是通过传递交互类参数。发送和接收对象实例以及交互类的函数都属于对象管理服务。对象管理服务构成了 RTI 的数据传送机制,是 HLA 标准的核心服务,并且实现了仿真应用之间的互操作。

(4)所有权管理服务。所有权管理服务是在声明管理和对象管理的基础上进行的。一个对象类的属性可以同时被多个仿真应用公布,但任意时刻,一个实例属性只能被一个仿真应用更新或者没有仿真应用可以更新它。仿真应用可以更新实例属性的前提是仿真应用公布了与实例对应的对象类及其属性,但仿真过程中每一时刻,只能有一个仿真应用可以更新实例的属性或者没有仿真应用可以更新。有权更新实例属性的仿真应用对该属性具有所有权。这个所有权可以在公布对象类的仿真应用间转换。

(5)数据分发管理服务。为了更好地利用网络带宽,进一步避免传输冗余数据,RTI 实现了 HLA 规定的数据分发管理服务。该服务使得仿真应用可以向 RTI 进一步说明自己公布或订购某种信息的确切范围。联邦成员使用声明管理服务 RTI 说明自己希望公布订购哪些信息,数据分发管理服务则又给这些信息规定了范围,也就是说联邦成员可以公布或订购某一范围的某种信息,所以说数据分发管理服务在声明管理服务的基础上又减少了网络中冗余数据的传输。

(6)时间管理服务。用于协调各仿真应用的时间,保证在各仿真应用拥有自己局部时钟的前提下,仿真过程中事件发生的先后顺序仍然正确。

7. 联邦开发与执行过程(FEDEP)

为了指导 HLA 联邦模型的开发,促进 HLA 的工程应用,美国国防建模仿真办公室(DMSO)基于开发 HLA 应用原型的经验,提出了 HLA 联邦开发与执行过程(Federation Development and Execution Process,FEDEP),使联邦模型的开发过程实现标准化。这个 HLA 联邦模型的开发和执行过程如图 2－6 所示,具体如下：

（1）定义联邦目标：联邦的发起人与开发者就本联邦应达到的目标取得共识,完成"想定"并形成文档。

（2）开发联邦概念模型：开发联邦有关的"真实世界"的仿真模型,以"仿真对象"和"交互"描述功能。

（3）设计和开发联邦：完成所有的开发工作的确认,完成联邦对象模型FOM、SOM、FED 及实体模型等。

（4）集成和测试联邦：完成联邦的所有开发工作,并进行测试。

（5）执行联邦并分析结果：执行联邦,分析仿真结果,并反馈给发起人。

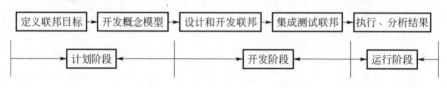

图 2－6　HLA 开发和执行标准过程

2.3.2　多媒体/虚拟仿真

1. 多媒体仿真概念

多媒体仿真是指采用不同媒体形态描述不同性质的模型信息,建立反映系统内在运动规律和外在表现形式的多媒体仿真模型,并在多媒体计算机上运行,产生定性、定量相结合的系统动态演变过程,从而获取关于系统的感性和理性认识。

与 VR(虚拟现实)技术一样,多媒体仿真的目标也是为了减少人类和技术之间的障碍。因而,多媒体仿真属于感受计算的一种,它试图通过将仿真所产生的信息和数据转变成为可视感受的场景、图示和过程(历史的和未来的),以辅助人们进行决策。

为仿真过程及结果增加文本提示,图形、图像乃至动画表现的仿真,称为可视化仿真。与可视化仿真相比,多媒体仿真技术充分地利用了视觉和听觉媒体的处理与合成技术,更加强调头脑、视觉和听觉的体验,使得仿真过程中人－机交互手段更加丰富。所以,多媒体仿真完全可取代可视化仿真,因为前者的多媒体化已经包含了可视化的全部内容。

广义地说,多媒体仿真系统是一种桌面型、低价位的虚拟仿真系统,是虚拟仿真系统在低档次计算机平台上的一种实现。多媒体仿真充分利用了文本、图表、图片、二维/三维动画、影像和声音等多媒体手段,将可视化、临场感等引导结合到一起来产生一种沉浸感,使仿真的人－机交互方式向自然更靠近一步。但多媒体仿真不像虚拟仿真系统强调仿真实体的虚拟化,而是允许将实景图像与虚拟景象相结合来产生"半虚拟"环境。不强求人机交互要达到运用身体动作等自然技能程度,而更强调具体的仿真应用背景。

2. 多媒体仿真的研究方法及应用

1) MSP 一体化方法论

多媒体仿真遵循建模—仿真—表现(MSP)一体化的方法论,简称 MSP 方法论。在 MSP 方法论中,多媒体仿真模型由数学逻辑模型(MLM)、仿真执行模型(SEM)以及表现与交互模型(PIM)组成。

多媒体仿真建模环境支持用户建立系统的仿真模型,仿真器根据仿真策略及 SEM 和 MLM 推进仿真模型的运行并产生模型的动态行为,多媒体表现服务器则根据 PIM 实时完成实体行为的多媒体表现。基于 MSP 方法论的多媒体仿真系统层次结构如图 2－7 所示。

图 2－7　多媒体仿真系统的层次结构

按照多媒体仿真 MSP 方法论,可以建立"自治的多媒体对象仿真"(MOS)建模概念框架,简称 Auto Studio 方法论,其核心是多媒体仿真对象(MOS),它是指一个 MLM、SEM、PIM 三位一体的建模单元。该建模概念框架具体包含 3 个方面的内容,即面向对象、面向媒体及面向自治。

2) 多媒体仿真研究方法特点

（1）对象模型属性的多媒体化。建模者不仅要对实体对象的量化属性（参数与状态）进行定义和描述，还要对其多媒体属性进行定义和描述。如定义导弹对象时，除了要定义其外形尺寸、发动机推力等参数和描述导弹运动的状态变量外，还要定义导弹的二维图标/三维造型和发射爆炸的声音等多媒体属性。

（2）仿真模型的二重性。多媒体仿真模型具有系统模型和表现模型的二重性。多媒体仿真模型既是产生仿真数据的计算模型，又是进行仿真动态结果多媒体演示的表现模型。

（3）抽象时空与形象时空的一致性。多媒体仿真中的抽象时空和形象时空具有一一对应的映射关系。因此，参与仿真的人员可以不必对抽象的数学逻辑模型有太多的了解，即可以从形象、生动的仿真演示中得到对仿真结果的充分认识，并对仿真模型的某些方面进行干预。

（4）人的感官和思维活动进入仿真回路中。用户可在形象时空中获得生动的感观体验，即人的感官和思维进入了仿真回路。

3. VR 与分布式虚拟现实（DVR）仿真技术

虚拟现实仿真与分布式虚拟现实仿真统称为虚拟仿真。虚拟仿真是基于 VR 理论和在 VR 与 DVR 硬、软工具开发的虚拟环境（VE）下进行的仿真方法与技术。这种仿真技术对于建模与仿真的发展起着变革性的重大作用，发展非常迅速，应用范围不断扩大。

VR 仿真起源于航空、航天部门，在军事仿真领域中首先得到应用。例如，美国在 20 世纪 90 年代初研制的 SIMNET 项目，就利用了 VR 技术和 DIS 技术将 6 万多辆坦克、战车仿真器运行在同一虚拟战场中，使位于德国的仿真器和位于美国的仿真器进行攻防对抗作战演习；海湾战争期间，美军应用 DVR 技术进行攻击前的模拟演练，以验证其作战计划和提高攻击效果。

截至目前，VR 仿真应用已相当广泛，飞行模拟器、虚拟战场、虚拟样机、虚拟制造、虚拟采办等都是 VR 仿真技术应用的重要领域。

对于 VR 仿真来说，支撑它的硬、软件工具是至关重要的。

（1）硬件设备。VR 硬件设备主要有传感器、视觉设备和三维声音设备：①传感器。应用于 VR 系统的主要传感器有追踪传感器、力反馈传感器和接口系统。系统跟踪传感器用于对用户头部位置和方向的精确跟踪，以及手的跟踪；力反馈传感器用以实时感知手势和虚拟环境中的反馈信息；接口系统则是施加于操作人员手上作用力的再现装置。②视觉设备。视觉设备称为显示设备。用于 VR 系统的典型视觉设备是军用头盔显示器、通用头盔显示器和吊杆设备。③三维声音设备。三维声音设备实质是能够产生实时三维声音的数字音频信号处理系统。目前典型设备包括 HTC VIVE、HoloLens、Oculus 等。

（2）软件工具。软件是 VR 系统硬件集成的关键和处理过程中协调任务的总体框架，用于虚拟世界建模、物理行为仿真和支持实时环境交互，主要包括：虚拟世界建模中的输入模型；虚拟环境物理仿真中的 dVISE，Jack，Superscape，VRT 等；虚拟现实工具箱 dVISE，World，Toolkit，VRT 等；虚拟现实开发环境 OpenGL，Unity 3D，Unreal Engine 等。

2.3.3　网格/协同仿真

1. 网格/协同仿真概念

并行与分布式仿真技术应用中存在着动态共享、系统容错，仿真资源协同和安全机制等方面的不足，网格/协同仿真技术正好可补偿这些缺陷，从而使研究和开发应用这类仿真技术成为仿真领域的热点之一。

仿真网格是以应用领域特别是军事领域仿真的需求为背景，综合应用复杂系统模型技术、先进分布仿真技术、虚拟现实技术、网格技术、管理技术、系统工程技术及其应用领域有关的专业技术，实现仿真网格/联邦中各类资源（包括模型资源、计算资源、存储资源、网络资源、数据资源、信息资源、知识资源及仿真器等）安全地共享与应用、协同互操作、动态优化调度运行，从而成为复杂系统进行论证、研究、分析、设计、生产、试验、运行、评估、维护和报废活动的一门多学科的综合技术与重要工具。仿真网格与传统的协同环境类似，但又不大相同。两者相比较，它具有更大的开放性、动态性、灵活性和可扩展性。近年来，仿真网格发展相当迅速。国际上知名的仿真网格有 NEESGrid、GIG、SF - Express 等。

协同仿真技术是指异地、分布的建模与仿真人员可在一个协同、互操作的环境下，方便、快捷和友好地采用各自领域的专业分析工具，对构成系统的各分（子）系统进行建模与仿真分析，或从不同技术视图进行功能、性能的单点分析，并透明地支持他们参与整个系统的联合仿真，协作完成对系统建模与仿真的一种复杂系统仿真分析方法及手段。

网格/协同仿真技术是对系统建模与仿真的应用模式、管理模式和支撑技术上的重大变革与创新，必将产生巨大的社会、经济和军事效益。

2. 仿真网格关键技术

仿真网格技术研究、开发与应用涉及一系列关键技术，主要包括：①仿真网格问题求解环境技术；②HLA/RTI 网格化技术；③资源报务中间件 GOS 技术；④仿真资源服务化技术；⑤基于语义的仿真模型资源发现技术；⑥仿真模型资源服务组合技术；⑦仿真网格的安全机制与用户管理技术等。

3. 基于 HLA 标准的 COSIM(协同仿真平台)及应用

COSIM 是一种基于协同仿真技术、面向复杂分布仿真系统通用的组件化协同仿真的平台,是复杂系统建模与仿真发展的必然产物。它通过提供一个综合的仿真环境来支持复杂系统的分布、交互、协同仿真需求,由一个开放的、基于标准的(WEB、XML、HLA/RTI)仿真集成框架和几个可灵活组装的、支持复杂系统协同建模与分布式仿真运行的仿真部件构成。COSIM 体系结构如图 2 - 8 所示,包括面向问题建模/仿真工具、高层建模环境、协同仿真评估器等。协同仿真框架是运行计算机网络环境的一组软件,它将各仿真部件组成仿真系统并支持该系统运行,整个框架由支撑软件与服务程序组成。

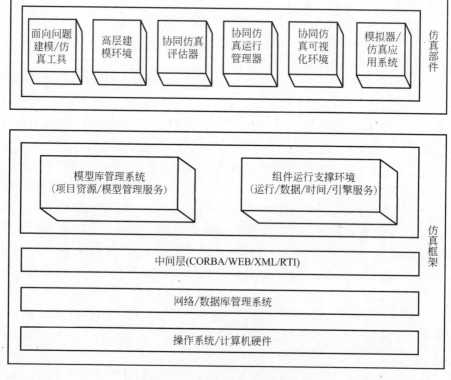

图 2 - 8   协同仿真平台的体系结构

2.4   小   结

系统仿真是一门综合性、试验性学科,所包括内容十分广泛。目前,仿真技术已经在机械、航空、航天、电力、冶金、化工、电子等多个工程领域,以及交通管理、生产调度、库存控制、生态环境、社会经济等众多非工程领域得到了广泛应用。本章主要对系统仿真的基本概念、基本理论方法以及包括分布式仿真在内的应用较为广泛的几种复杂系统仿真方法进行了阐述。系统仿真的基本概念包括系统、模型和仿真,他们相互关联、相互映射。系统仿真根据不同方法可分为连续系统仿真、离散事件系统仿真等。系统仿真的基本理论包括模型论、相似理论、系统辨识理论等,仿真建模、仿真系统、仿真应用也分别由各自的理论支撑,航天系统作为典型复杂系统,通常需要分布式仿真、网格仿真等复杂系统仿真理论支撑。

参 考 文 献

[1] 戈登 G. 系统仿真[M]. 杨金标,译. 北京:冶金工业出版社,1982.

[2] 肖田元,范文慧. 系统仿真导论[M]. 北京:清华大学出版社,2009.

[3] 郭齐胜,董志明,单家元,等. 系统仿真[M]. 北京:国防工业出版社,2006.

[4] 熊光楞,彭毅. 先进仿真技术与仿真环境[M]. 北京:国防工业出版社,1997.

[5] Law A M,Kelton W D. Simulation Modeling and Analysis[M]. 3rd. New York:McGrawHill,2000.

[6] 刘藻珍,魏华梁. 系统仿真[M]. 北京:北京理工大学出版社,1998.

[7] 齐欢,王小平. 系统建模与仿真[M]. 北京:清华大学出版社,2004.

[8] 冯允成,杜端甫,梁叔平. 系统仿真及其应用[M]. 北京:机械工业出版社,1992.

[9] 徐享忠,于永涛,刘永红. 系统仿真[M]. 北京:国防工业出版社,2012.

[10] 张毅,王士星. 仿真系统分析与设计[M]. 北京:国防工业出版社,2010.

[11] 黄柯棣,张金槐,李剑川,等. 系统仿真技术[M]. 长沙:国防科技大学出版社,1998.

[12] 王精业,谭亚新,孙明,等. 仿真科学与技术原理[M]. 北京:电子工业出版社,2012.

[13] 李伯虎,柴旭东,朱文海,等. 现代建模与仿真技术发展中的几个焦点[C]//全球化制造高级论坛暨 21 世纪仿真技术研讨会,2004.

[14] 周美立. 相似性科学[M]. 北京:科学出版社,2004.

[15] 冯·贝塔朗菲著. 一般系统论[M]. 林康义等译. 北京:清华大学出版社,1987.

[16] 钱学森. 创建系统学[M]. 山西:山西科学技术出版社,2001.

[17] 高隆昌. 系统学原理[M]. 北京:科学出版社,2006.

[18] 康风举. 现代仿真技术与应用[M]. 北京:国防工业出版社,2001.

[19] 吴重光. 仿真技术[M]. 北京:化学工业出版社,2000.

[20] 顾启泰. 应用仿真技术[M]. 北京:国防工业出版社,1995.

[21] 周彦,戴剑伟. HLA 仿真程序设计[M]. 北京:电子工业出版社,2002.

[22] 柏彦奇. 联邦式作战仿真[M]. 长沙:国防科技大学出版社,2001.

[23] 郭齐胜,张伟,杨立功,等. 分布交互仿真及其军事引用[M]. 北京:国防工业出版社,2007.

[24] 王江云. 基于 HLA 的协同仿真环境研究[D]. 北京:北京航空航天大学,2001.

[25] 库尔著. 计算机仿真中的 HLA 技术[M]. 付正军,王永红,译. 北京:国防工业出版社,2003.

[26] Kunze M. The CrossGrid Project[J]. Nuclear Instruments and Methods in Physics Research,2003,502(2):382 – 385.

第3章　交会对接任务仿真系统架构

为实现全面、客观、真实的交会对接任务联合仿真,众多异构软件之间需要不同层次的高效交互,需要构建一个科学的分布交互仿真系统架构。本章主要从仿真系统研制开发技术、系统需求分析、仿真系统层次结构、仿真子系统设计和仿真系统运行设计5个方面介绍仿真系统架构设计的依据原则和基本思想。

3.1　仿真系统研制开发技术

实现交会对接任务众多异构软件的集成仿真,需要在反复论证和不断改进过程中逐渐完善,在仿真系统的使用开发过程中,往往还需要不断地扩展新功能,这对系统的可维护性、可扩展性都提出了较高的要求。为此,仿真系统的研制工作主要在于设计通用性较强的系统模型以及维护性、扩展性良好的系统框架。

3.1.1　领域模型

领域代表系统需要解决的问题范畴,即仿真系统的功能性需求。作为一个复杂的非线性系统,交会对接任务仿真系统包含运载火箭、追踪航天器、目标航天器、地面飞行控制中心、航天员中心等多种任务实体,涉及坐标系系统、时间系统、中继外测、轨道预报系统、轨道机动规划系统等多个功能模块。通过对系统内部元素的角色变化范畴以及元素间交互的研究分析,提出了系统领域模型,如图3-1所示。稳定的系统领域模型是系统体系结构设计和架构设计的前提。在系统长期建设过程中,很多模型元素可能是不断变更的,但良好的系统体系结构以及架构设计,能够较好地适应这种变化,保证系统的稳定性。

3.1.2　体系结构

仿真系统的体系结构主要用于完成系统功能模块的结构划分,是非功能性需求实现的基础,直接关系到仿真系统的整体性能。交会对接任务仿真系

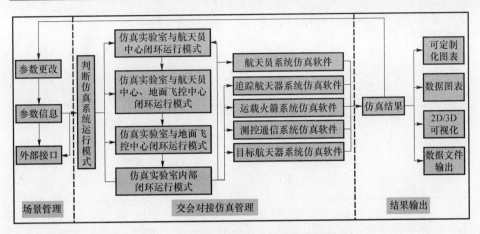

图 3 - 1　交会对接任务仿真系统领域模型

统研制中,将结合任务仿真的领域模型,采用表 3 - 1 中的体系结构模型完成设计。

表 3 - 1　体系结构模型

体系结构模型	系统类型	基本特点
Layers （层次化）	适用于不同部件需要独立开发、升级的软件系统	该结构将整个任务分解成多层逻辑,每层要求独立并具有明确而具体的职责
Shared Repository （共享库）	适用于基于数据驱动且不同组件之间不存在特定工作流程的软件系统	该结构将所用数据维护在组件可共享的仓库中,通过数据的属性、状态来触发或协调应用逻辑
Model - View - Controller （模型视图控制）	适用于用户界面变化频繁的交互式软件系统	该结构依照交互式应用程序的输入、处理、输出流程将软件分为控制器、模型以及视图组件。其中模型包含核心功能和数据,视图处理输出信息,控制器处理用户输入
Microkernel （微内核）	适用于可能存在多个软件版本且每个版本功能上有所不同的适应性软件系统	该结构将所有版本基于一个公共架构和功能核心来扩展构造不同软件版本
Reflection （反射）	适用于需要不断改进或集成某些无法预料的变化的适应性软件系统	将应用的结构、行为以及状态方面的属性和变化因素具体化到一套云对象中,并采用两层构架将云对象和核心应用逻辑分开

体系结构模型作为优秀软件工程师的长期工作经验总结,能够用于处理仿真系统设计实现中的通用性问题,并极大地提高系统结构设计质量。

3.1.3 系统架构

系统架构设计在于理清系统的各个组件之间和组件内部的对象之间的关系。良好的架构设计不仅能够提高组件内部的可维护性、可复用性、运行效率等非功能特性,也能够提高代码编写的质量。这里采用表3-2所列的设计模式完成架构设计。

表3-2 架构设计模式

目的	设计模式	基本特点
创建	Factory Method(工厂模式)	创建实例化子类对象
结构	Adapter(适配器模式) Bridge(桥模式) Composite(组合模式) Decorator(装饰模式)	对象的接口适配 子类对象的可替换结构 子类对象的组合结构 对象职责的可添补结构
行为	Observer(观测者模式) Strategy(策略模式)	对象间信息数据的广播 算法跳选算法中的某些步骤

3.2 系统需求分析

交会对接技术难度大、参与系统多、流程复杂,交会对接任务系统仿真是我国载人航天工程总体首次组织的由工程多个大系统进行的联合仿真。为实现多个系统间众多异构软件、不同硬件环境的高效集成与交互,达到仿真验证目的,首先需要从仿真任务、系统性能和软件构成3个方面对仿真系统的研制需求进行分析。

3.2.1 仿真任务

交会对接任务系统仿真涵盖了从目标航天器发射至载人飞船返回舱返回全任务剖面(图3-2),重点是对目标航天器初始变轨、追踪航天器发射前变轨调相,发射追踪航天器的火箭瞄准参数确定、发射窗口确定、远距离导引、自主控制,组合体轨道控制,目标航天器升轨控制以及载人飞船返回制动控制/其他追踪航天器离轨再入控制等进行仿真,达到以下目的:

(1)验证全任务剖面各系统间接口及各飞行阶段间衔接的正确性;

（2）验证飞控策略的正确性和有效性；

（3）分析飞控策略、飞控模式以及与轨道有关的各种偏差因素对任务的影响；

（4）验证与轨道有关的故障预案的有效性；

（5）验证手控交会对接方案的正确性与合理性；

（6）分析自控交会对接、手控交会对接切换前初始偏差对手动控制性能的影响；

（7）直观演示交会对接任务飞行过程；

（8）飞行任务期间，必要时可提供与轨道有关故障对策的验证手段。

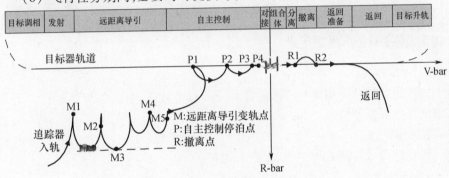

图 3 - 2　交会对接任务飞行过程图

为满足以上任务需求，仿真系统应具备开展飞行方案分析、正常飞行过程仿真、故障预案仿真、边界条件仿真和其他专题仿真等方面的仿真功能，具体如下：

（1）飞行方案分析。在不同的任务约束条件下，通过对目标航天器和追踪航天器发射窗口及火箭瞄准参数，目标航天器升轨控制、轨道维持、组合体轨道维持、离轨控制策略，追踪航天器远距离导引、自主控制、返回控制策略等的仿真计算，分析比较不同飞行方案的优缺点和适应性，为飞行方案的最终制定提供分析验证手段。

（2）正常飞行过程仿真。验证飞行方案、系统间接口、各飞行阶段间衔接及控制策略的正确性与合理性。仿真涉及航天员、追踪航天器、运载火箭、测控通信、目标航天器等多个大系统，覆盖从目标航天器发射至离轨销毁全任务过程。

（3）故障预案仿真。开展与轨道有关的故障预案的仿真验证，包括对火箭入轨偏差过大、轨道控制偏差过大、推迟发射、推迟交会对接、交会对接故障，组合体轨道控制、姿态控制故障，导航卫星/中继卫星/USB（统一 S 频段测控设备）

部分时段测轨数据失效,追踪航天器应急分离撤离,载人飞船上升段不同故障模式下逃逸与应急救生、自主应急返回及应急着陆区设置、推迟返回以及手控交会对接故障等的处置预案进行联合仿真,为制定和完善故障预案提供验证手段。

(4)边界条件仿真。开展火箭入轨,追踪航天器远距离导引、自主控制,快速交会对接,载人飞船返回控制等与轨道有关的边界条件仿真,分析偏差因素对任务的影响。

(5)其他专题仿真。开展专题仿真,验证有关技术要求和精度指标的正确性与合理性。例如,分析处理和利用空间环境数据,并基于导航卫星、中继卫星和 USB 测量数据,开展短弧定轨预报和中长期定轨预报精度分析;分析航天器推进剂分配方案,快速交会对接试验设计方案等。

3.2.2 系统性能要求

1. 计算精度

轨道动力学计算精度与任务软件和行业标准软件相比,航天器运行 1 天的轨道仿真位置偏差应小于 5m。

2. 计算负载

仿真软件运行时 CPU 占用率低于 80%。

3. 计算速度

与飞行任务中人工控制有关工作,如轨道确定、预报,控制策略生成等能够实时运行,其余部分超实时运行。系统加速率大于 100 倍。

4. 稳定性

系统平均无故障工作时间(MTBF)不小于 200h,平均修复时间(MTTR)不大于 4h。

5. 可拓展性

系统具有可拓展性,预留增加飞行阶段和飞行器种类以及与已有仿真系统或任务系统的接口。

6. 易操作性

系统各模块界面友好,容易操作、维护,技术人员通过一周培训,能够熟练进行使用和维护。

3.2.3 软件构成

总的思路是利用各系统已有的实际任务规划类软件,再由第三方研制航天器动力学仿真软件和各种测量设备模拟器软件,通过网络连接成一个仿真系统。在网络管理软件的统一管理下,动力学仿真结果输出给测量设备模拟器,再将结果给规划类软件,规划类软件的输出结果又驱动动力学仿真软件,由此形成闭环,对交会对接全任务剖面进行全面、真实的仿真。此外,研制图像显示软件,提供直观的仿真演示效果。

将实际任务软件接入仿真系统,既可以提高仿真结果可信度,又可以验证实际任务软件的正确性。经论证分析,可将航天员、追踪航天器、运载火箭、测控通信和目标航天器等工程大系统的实际任务规划类软件经适当的接口改造后接入仿真系统,满足仿真验证需求。

为拓展仿真系统的分析能力,在接入实际任务软件基础上,需要开发一些仿真模拟、算法分析、运控分析类软件,具备修改数学模型和仿真代码以验证不同技术方案的能力。该类软件可独立运行,通过相应的交互模式接入仿真系统,实现互操作。

为了将各任务软件按照数据交互关系连接形成闭环,控制仿真系统按照期望的时间步长、事件顺序和触发机制开展交会对接飞行任务方案仿真,还需要开发一些仿真功能支撑软件,主要包括仿真管理软件、接入服务软件和可视化软件。仿真管理软件是整个仿真系统的控制中枢,各软件模块在仿真运行支撑平台的统一管理下进行组装、发布和运行。接入服务软件负责地面测控网和航天员手控模拟器与仿真系统间的数据收发。可视化软件根据仿真数据驱动二维、三维可视化场景进行可视化演示。

交会对接任务仿真系统主要软件模块如表 3 – 3 所列。

表 3 – 3　交会对接任务仿真系统主要软件模块

类别	软件种类	软件模块
实际任务规划类软件	入轨计算	目标航天器发射窗口计算
		追踪航天器发射窗口计算
		运载火箭瞄准参数计算
		运载火箭标称弹道计算
		运载火箭控制弹道仿真
		……
	GNC 仿真	目标航天器 GNC 仿真
		目标航天器交会对接测量敏感器仿真
		追踪航天器 GNC 仿真
		追踪航天器交会对接测量敏感器仿真
		载人飞船返回 GNC 仿真
		……

（续）

类别	软件种类	软件模块
实际任务类规划软件	飞行任务规划	目标航天器飞行任务规划
		追踪航天器飞行任务规划
		载人飞船自主应急返回规划
		……
	逃逸救生仿真	火箭逃逸仿真
		载人飞船应急救生仿真
	地面系统	地面飞控中心轨道确定
		地面飞控中心轨道预报
		地面飞控中心轨道控制
		航天员交会对接手控训练模拟器软件系统
		……
仿真模拟、分析类软件	动力学	目标航天器轨道动力学仿真
		追踪航天器轨道动力学仿真
		对接与组合体轨道动力学仿真
		载人飞船返回动力学仿真
		航天器离轨再入动力学仿真
		……
	仿真模拟	外测数据模拟器
		中继数据模拟器
		卫星导航数据模拟器
		GNC 注入数据生成
		航天器能源平衡分析
		……
	运控分析	约束分析及冲突预测
		轨道姿态动力学分析
		……
仿真功能支撑类软件	接入服务	地面飞控中心接入服务
		航天员交会对接手控训练模拟器接入服务
		地面飞控中心数据自动转发
		……

（续）

类别	软件种类	软件模块
仿真功能支撑类软件	运行管理	仿真管理
		仿真运行支撑平台
		飞行阶段流程管理
		地面遥控指令模拟发送
		……
	可视化显示	二维可视化显示
		三维可视化显示

3.3　仿真系统层次结构

根据交会对接任务的特点,提出基于高层体系结构(HLA)的交会对接任务仿真系统方案,设计实现由运行管理、飞控指令处理、数据记录、数据可视化等功能,以及涵盖弹道、轨道、姿态、能源、动力学等多个专业仿真模型组成的分布式仿真系统。随着载人航天飞行任务复杂程度的提高,通过对仿真系统的扩展和重构,可适应新的任务验证需求。

3.3.1　层次结构

分层设计思想是实现开放式仿真系统最重要、最具成效的体系结构思想。其原理是将系统垂直划分为若干相对独立的功能层,通过层间标准接口实现上层对下层的调用、下层对上层的支持。在层次划分过程中,功能层的数量应当适度。既要保证每一层便于管理和操作又要保证不能因为交互的环节过多,系统整体性能大打折扣。

交会对接仿真系统的设计充分采用了分层设计思想,为这个系统的结构进行了一个垂直体系划分,使得整个系统的结构层次更加清晰,既有利于系统的设计实现,也有利于新的服务和功能的集成,提高了系统的可靠性和可扩展性。根据仿真系统需求分析,交会对接任务仿真系统总体上可以划分为 3 层结构:底层为由计算机、网络、音频/视频等设备组成的硬件层;中间层为具有模型管理、试验管理、运行管理、分布管理和节点管理功能,提供面向用户各类操作的平台层;上层为由航天员、追踪航天器、运载火箭、测控通信及目标航天器等工程大系统的实际任务规划类软件/模块作为仿真子系统组成的仿真应用层。整个仿真系统的层次结构如图 3-3 所示。

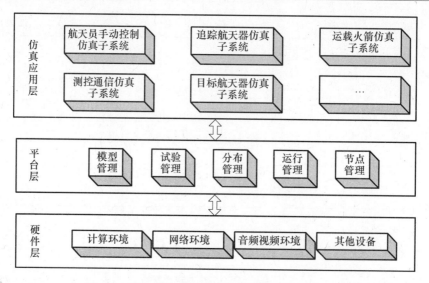

图 3-3　交会对接任务仿真系统层次结构

3.3.2　拓扑结构

交会对接任务仿真系统基于高层体系结构(HLA IEEE 1516)技术构建,由分布在不同地理位置的航天员中心、地面飞行控制中心和仿真实验室的软硬件共同组成。仿真系统的主体位于仿真实验室内,航天员中心的交会对接手控训练模拟器和地面飞行控制中心轨道确定、轨道预报、轨道控制等软硬件通过光纤接入仿真系统。按照功能,可以将交会对接任务仿真系统划分为如图 3-4 所示的 8 个仿真子系统。

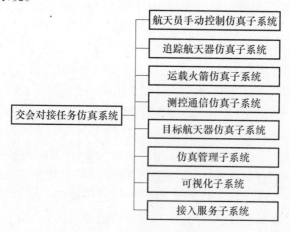

图 3-4　功能子系统划分

　　HLA 的规则规定了所有联邦成员必须符合的要求,表述了 HLA 中各个部件的功能划分和逻辑关系,规则的约束条件确保联邦成员在 HLA 框架下的兼容性,以实现联邦成员的互操作。在分布式仿真系统构建时,为便于具体实施,在层次结构划分的基础上,仿真实验室可进一步细分为 13 个联邦成员,相应地可建立 13 个仿真节点。其中,4 个为实时仿真节点,即三维可视化计算节点、二维可视化计算节点、接入节点、外测中继/动力学/GNC/仿真管理节点,这些仿真节点部署在工作站,采用 UPS 进行供电保障。另外,运载火箭标称弹道计算节点、运载火箭控制弹道计算节点、追踪航天器任务规划计算节点、目标航天器任务规划计算节点、仿真试验管理节点、仿真试验数据管理节点、事务处理、追踪航天器 GNC 仿真和目标航天器 GNC 仿真等 9 个非实时仿真节点部署在 PC 计算机上,采用仿真实验室内部普通供电线路供电。

　　仿真系统各部分间的网络连接结构如下:

　　(1) 仿真实验室内部网络结构。仿真实验室内部采用千兆以太网互连,运行过程中形成两层同步仿真回路,外层基于 HLA 构建,各仿真节点通过 HLA 适配器接入网络,数据更新周期为 1s。内层(高性能计算机)通过共享内存构建,单节点上实现多进程运行,数据更新周期为 20ms。

　　(2) 仿真实验室与地面飞行控制中心间网络结构。仿真实验室与地面飞行控制中心的链路采用 2 芯光纤连接,用于传输外测数据和注入指令等,网络结构如图 3 - 5 所示。

图 3 - 5　仿真实验室与地面飞行控制中心间网络结构

　　(3) 仿真实验室与航天员中心手控训练模拟器现场网络结构。航天员中心手控训练模拟器现场与仿真实验室的链路同样采用 2 芯光纤连接,用于传输视频和轨道、姿态、GNC 等数据。其中,视频包括模拟器电视图像和舱内图像。

3.4　仿真子系统设计

3.4.1　航天员手动控制仿真子系统

1. 作用

航天员手动控制仿真子系统可以验证手控交会对接任务中系统间接口及任

务流程的正确性,验证初始偏差对手动控制性能的影响,验证自控、手控间接口以及故障模式下的手控交会对接处置预案的合理性,供航天员训练并提升其操作技能,积累操作经验,完善设计方案。

2. 组成

手控交会对接训练模拟软件系统,简称手控训练模拟器,是航天员进行手控交会对接训练的主要设备,也是航天员手动控制仿真子系统参与系统仿真的核心部分。

手控训练模拟器可以模拟手控阶段两航天器间的相对轨道、相对姿态和船载电视图像,为航天员提供手控操作训练的仿真环境。其中,载人飞船位置速度、姿态和质量特性,目标航天器位置速度、姿态和质量特性以及时间等数据是与其他子系统交互的主要参数,同时航天员座舱实时视频和船载电视图像是可视化子系统的重要驱动数据。

3. 实现方式

通过光纤将航天员中心交会对接手控训练模拟器远程接入仿真系统中,如图 3-6 所示,与其他仿真子系统形成闭环运行,仿真运行的基本流程如下:

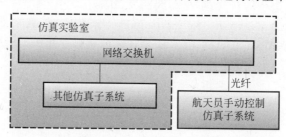

图 3-6 航天员手动控制仿真子系统与仿真实验室间网络结构

(1)手控开始时,仿真实验室将仿真历元、累计秒,载人飞船位置速度、姿态和质量特性,目标航天器位置速度、姿态和质量特性等数据通过网络传送至手控训练模拟器。

(2)手控训练模拟器以此作为初始条件进行仿真,仿真中将轨道、姿态数据和视频图像发送至仿真实验室,仿真实验室利用可视化系统对三维图像、二维星下点、航天员座舱实时视频、电视图像等4种场景进行演示,其中,电视图像与模拟器现场演示效果相同。

(3)手控结束时,模拟器将仿真历元、累计秒,载人飞船位置速度、姿态和质量特性,目标航天器位置速度、姿态和质量特性等数据通过网络传送至仿真实验室,仿真实验室继续后续仿真。

3.4.2　追踪航天器仿真子系统

1. 作用

追踪航天器仿真子系统是对真实交会对接任务中追踪航天器属性参数、状态参数、功能和活动的抽象,可以对追踪航天器在交会对接任务中参与的所有环节,诸如发射火箭瞄准参数确定、发射窗口确定、远距离导引、自主控制以及载人飞船返回制动控制等进行仿真,为其他子系统仿真活动提供所需的属性和状态参数。

2. 组成

追踪航天器仿真子系统的模块组成如图 3 - 7 所示,各个模块的功能和仿真原理如下:

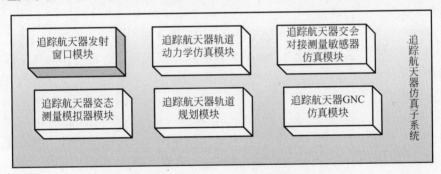

图 3 - 7　追踪航天器仿真子系统的模块组成图

1) 追踪航天器发射窗口模块

追踪航天器发射窗口模块具备发射窗口计算功能。追踪航天器交会对接发射窗口计算需考虑多种约束,包括轨道阳光角、共面和相位角等约束,得到给定时间范围内满足各类约束要求的时间区间。

2) 追踪航天器轨道动力学仿真模块

追踪航天器轨道动力学仿真模块具备三自由度高精度轨道动力学计算功能,可以设置轨道计算用的地球引力场、大气模型、太阳活动等参数。仿真时,通过人工界面、网络、文件等形式输入发动机推力、地球引力场、大气模型、太阳活动等相关参数,输出追踪航天器当前状态系列数据、位置速度、轨道参数曲线等。

3) 追踪航天器交会对接测量敏感器仿真模块

追踪航天器交会对接测量敏感器仿真模块负责相对 GNSS(卫星导航系统)、微波雷达、激光雷达、交会对接光学测量敏感器等的测量相关参数计算,包括敏感器可见区分析、方位角仰角计算等。

4）追踪航天器姿态测量模拟器模块

追踪航天器姿态测量模拟器模块负责生成追踪航天器的姿态测量数据。

5）追踪航天器轨道规划模块

追踪航天器轨道规划模块包括 5 个子模块：

（1）远距离导引段正常变轨规划子模块。根据追踪航天器入轨后的测定轨数据、远距离导引飞行时间、变轨次数、变轨测控约束、变轨位置约束、轨道机动推力方向约束及终端时刻瞄准的相对状态，规划追踪航天器远距离导引正常变轨的控制策略。

（2）远距离导引段应急变轨规划子模块。在追踪航天器入轨参数偏差过大、远距离导引控制超差或控制未执行等突发情况下，需要启动追踪航天器远距离导引应急变轨预案。根据应急变轨预案中交会对接推迟情况，对远距离导引后续控制策略进行规划。

（3）绕飞相对运动轨迹规划子模块。追踪航天器与目标航天器交会对接任务中，追踪航天器需要进行对目标航天器的绕飞试验。综合考虑相对测量敏感器的视场约束、推进剂消耗和轨迹安全性等约束条件，规划追踪航天器的绕飞相对运动轨迹。

（4）载人飞船返回控制规划子模块。在组合体飞行阶段结束后，根据载人飞船返回着陆场船下点轨迹要求，对载人飞船返回前轨道维持、轨道调整、姿态调整，以及返回制动时机和制动加速度等进行规划。

（5）离轨控制规划子模块。载人飞船以外的追踪航天器任务寿命结束后，需对其实施离轨控制。根据其离轨坠毁区域等相关要求，规划设计离轨制动时机、离轨制动加速度和离轨期间的运行轨道。

6）追踪航天器 GNC 仿真模块

追踪航天器 GNC 仿真模块根据任务规划要求，追踪航天器质量、转动惯量和发动机配置等，计算追踪航天器的轨道和姿态控制律，以及姿态动力学参数。

3. 实现方式

发射窗口模块、轨道规划模块和 GNC 仿真模块，通过对实际任务软件相应模块进行封装后接入追踪航天器仿真子系统。其中，发射窗口模块和轨道规划模块通过文件交互的方式接入仿真系统，布置在追踪航天器任务规划计算节点。GNC 仿真模块通过嵌入方式布置于追踪航天器 GNC 软件仿真节点。轨道动力学仿真模块、交会对接测量敏感器模块和姿态测量模拟器模块布置在外测中继/动力学/GNC/仿真管理节点，与该节点上的其他软件模块采用共享内存方式进行数据交互。

3.4.3　运载火箭仿真子系统

1. 作用

运载火箭仿真子系统是对运载火箭属性参数、状态参数、功能和活动的抽象,具备火箭发射瞄准参数计算、标称弹道计算和控制弹道仿真的功能,为其他子系统提供仿真所需的属性和状态参数。

2. 组成

运载火箭仿真子系统的模块组成如图 3 - 8 所示,各个模块的功能和仿真原理如下:

(1) 运载火箭标称弹道模块。运载火箭标称弹道模块根据发射点大地坐标、发射时刻及火箭瞄准参数,计算运载火箭在标称情况下的上升段弹道。

(2) 运载火箭控制仿真模块。运载火箭控制仿真模块根据运载火箭标称上升段弹道和火箭控制系统实际参数,计算运载火箭上升段控制弹道。

(3) 运载火箭瞄准参数模块。运载火箭瞄准参数模块根据航天器发射窗口规划结果、发射点大地坐标、运行轨道高度、偏心率、轨道倾角和运载火箭标称飞行时间等参数,规划计算运载火箭的瞄准参数。

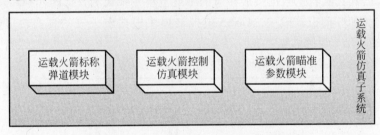

图 3 - 8　运载火箭仿真子系统的模块组成图

3. 实现方式

运载火箭仿真子系统的 3 个模块均采用任务软件,通过文件交互方式接入仿真系统,其中,运载火箭标称弹道模块和运载火箭瞄准参数模块布置在火箭标称弹道计算节点,运载火箭控制仿真模块布置在火箭控制弹道计算节点。

3.4.4　测控通信仿真子系统

1. 作用

测控通信仿真子系统模拟测控通信系统参与的航天器轨道测量、轨道确定、轨道预报和轨道控制等活动,具备模拟生成 USB、中继和 GNSS 三种观测数据的功能,地面飞行控制中心在该子系统中执行航天器的轨道确定、轨道预报和轨道控制,为其他子系统提供仿真所需的属性和状态参数。

2. 组成

测控通信仿真子系统的模块组成如图3－9所示,其中,USB模拟器、中继模拟器、GNSS模拟器3个模块的功能和仿真原理如下:

图3－9　测控通信仿真子系统的模块组成图

(1) USB模拟器模块。USB模拟器模块负责当航天器处于地面船、站测控区内时,根据其真实轨道数据生成相应的USB观测数据R、R'、A、E(测距、测速、方位角、俯仰角)。

(2) 中继模拟器模块。中继模拟器模块负责当航天器处于中继卫星覆盖区内时,根据其真实轨道数据生成相应的中继卫星系统观测数据四程距离。

(3) GNSS模拟器模块。GNSS模拟器模块根据航天器的真实轨道数据生成相应的GNSS观测数据。

USB/中继/GNSS模拟器模块工作原理如图3－10所示。

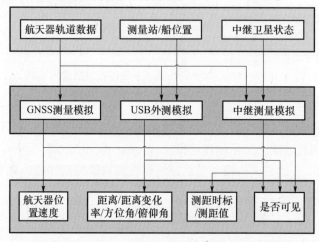

图3－10　USB/中继/GNSS模拟器模块工作原理

3. 实现方式

测控通信仿真子系统中USB/中继/GNSS三个模拟器模块根据相应的数学

模型进行编程开发,布置在外测中继/动力学/GNC/仿真管理节点,与该节点上的其他软件模块采用共享内存方式进行数据交互。

地面飞行控制中心定轨/预报/规划软件模块采用任务软件,通过光纤将地面飞行控制中心相关软件远程接入仿真系统,如图 3 – 11 所示,与其他仿真子系统形成闭环运行,采用文件交互方式进行数据交互。

图 3 – 11　地面飞行控制中心与仿真实验室的网络结构

3.4.5　目标航天器仿真子系统

1. 作用

目标航天器仿真子系统是对真实交会对接任务中目标航天器(对接组合体)属性参数、状态参数、功能和活动的抽象,可以对目标航天器(对接组合体)在交会对接任务中参与的所有环节,诸如发射窗口确定、升轨控制、交会对接与组合体运行等进行仿真,为其他子系统仿真活动提供所需的属性和状态参数。

2. 组成

目标航天器仿真子系统的模块组成如图 3 – 12 所示,各个模块的功能和仿真原理如下:

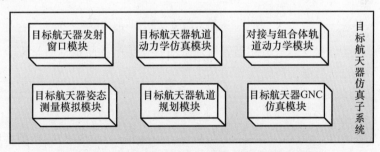

图 3 – 12　目标航天器仿真子系统的模块组成图

(1) 目标航天器发射窗口模块。目标航天器发射窗口模块具备目标航天器发射窗口计算功能。目标航天器发射窗口计算需考虑能源系统提出的轨道阳光角约束,得到给定时间范围内满足约束要求的时间区间。

(2) 目标航天器轨道动力学仿真模块。目标航天器轨道动力学软件具备目标航天器的三自由度高精度轨道动力学计算功能,可以设置轨道计算所用的地球引力场、大气模型、太阳活动等相关参数。

目标航天器轨道动力学计算时,首先根据飞行阶段确定目标航天器是否独立飞行,如处于独立飞行则激活航天器,然后确定是否需要跳时,根据是否跳时分别调用长期轨道外推和单步轨道外推进行计算,最后输出轨道参数,如图3-13所示。

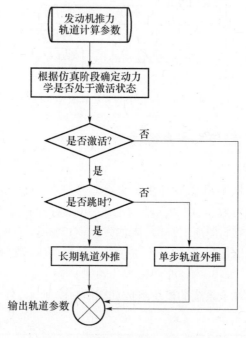

图3-13　目标航天器动力学运行原理图

(3) 对接与组合体轨道动力学模块。对接与组合体轨道动力学模块具备组合体航天器的三自由度高精度轨道动力学计算功能。仿真时,通过人工界面、网络、文件等形式输入发动机推力、地球引力场、大气模型、太阳活动等相关参数,输出组合体当前状态系列数据、位置速度、轨道参数曲线等。

(4) 目标航天器姿态测量模拟器模块。目标航天器姿态测量模拟器模块负责生成目标航天器或组合体的姿态测量数据。

(5) 目标航天器轨道规划模块。目标航天器轨道规划模块主要实现目标航天器的飞行规划和轨道仿真功能,包括4个子功能模块:

① 升轨控制规划子模块。给定目标航天器当前轨道参数(初始发射入轨参数或者上一次仿真结束后的轨道参数),根据设定的目标航天器轨道机动的约束条件和自主飞行轨道高度,规划目标航天器的轨道机动方案,实现目标航天

进入自主飞行轨道高度。

② 自主飞行轨道维持规划子模块。目标航天器自主飞行期间由于大气阻力的影响,轨道高度会衰减,需要通过轨道机动将其轨道维持在自主飞行轨道高度范围内。给定目标航天器当前轨道参数,设定轨道维持策略(固定下降高度维持或固定周期维持),规划目标航天器的轨道机动方案,实现目标航天器自主飞行过程的轨道维持。

③ 组合体轨道维持规划子模块。在目标航天器与追踪航天器的组合体飞行期间,为满足组合体飞行期间相关试验、载人飞船返回等任务的轨道要求,需规划目标航天器组合体轨道维持的控制时机和控制量。

④ 离轨控制规划子模块。目标航天器任务寿命结束后,需对其实施离轨控制。根据其离轨销毁区域等相关要求,规划设计离轨制动时机、离轨制动加速度和离轨期间的运行轨道。

(6)目标航天器 GNC 仿真模块。目标航天器 GNC 仿真模块根据目标航天器/组合体的任务规划要求、质量、转动惯量和发动机配置等,计算目标航天器/组合体的轨道和姿态控制律,以及姿态动力学参数。

3. 实现方式

发射窗口模块、轨道规划模块和 GNC 仿真模块,通过对实际任务软件相应模块进行封装后接入目标航天器仿真子系统。其中,发射窗口模块和轨道规划模块通过文件交互的方式接入仿真系统,布置在目标航天器任务规划计算节点。GNC 仿真模块通过嵌入方式布置于目标航天器 GNC 软件仿真节点。目标航天器轨道动力学仿真模块、对接与组合体轨道动力学模块和姿态测量模拟模块需要根据相应的数学模型进行编程开发,布置在外测中继/动力学/GNC/仿真管理节点,与该节点上的其他软件模块采用共享内存方式进行数据交互。

3.4.6 仿真管理子系统

1. 作用

根据仿真任务需求,仿真管理子系统既要维护控制外测中继/动力学/GNC/仿真管理节点高性能计算机内各计算模型间的数据通信,又要维护控制高性能计算机与 RTI 网络间的数据通信,运行原理如图 3 - 14 所示。仿真管理子系统必须在统一的数据协议基础上实现各 RTI 节点之间的网络通信,同时还要负责所有仿真子系统的调度管理和时间同步,包括为各节点动态提供时间基准、仿真步长、初始数据等相关的总体参数,并对系统和节点实施启动、暂停、继续、停止、复位等仿真运行流程控制,同时监控网络节点在线情况。

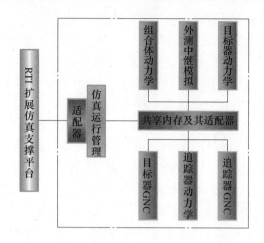

图 3 – 14　仿真管理子系统运行机理示意图

2. 组成

仿真管理子系统的模块组成如图 3 – 15 所示,各个模块的功能和仿真原理如下:

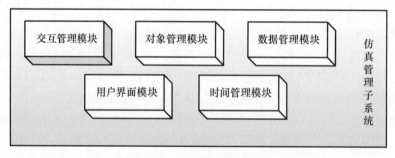

图 3 – 15　仿真管理子系统的模块组成图

1) 交互管理模块

交互管理模块实现向 RTI 的其他联邦成员发布交互信息,控制 RTI 的运行状态,具体划分为数据编码、数据解码、交互实例化和交互发布等 4 个子模块。

数据编码子模块将交互类各属性的值编码为交互数据包;数据解码子模块将从 RTI 上订购的数据,进行数据解码,获取交互类各属性的值;交互实例化子模块对交互类进行实例的注册、增加,根据输入的交互类名称和交互类各属性名称,生成实例化后的实例句柄和名称;交互发布子模块将仿真交互实例发布到 RTI,并通知联邦成员所订购的交互实例已被发送。

2) 对象管理模块

对象管理包括对象声明、对象实例注册/发现、属性值更新/反射以及对象实例删除等功能。

对象管理采用面向对象技术思想,可极大提高航天系统仿真的软件质量和代码重用性。面向对象技术中,对象是相互之间独立的软件模块,对象内部数据和操作对用户而言完全隐藏,用户只需关注对象的公共接口即可。在面向对象技术中,类是对一类对象的抽象,对象是根据类定义的一个具体的实体。理想状态下,类应该与一类实际的仿真对象相对应。类包含成员变量和成员函数,成员变量对应实际仿真对象的各种属性,成员函数对应实际仿真对象的各种行为。

对象管理模块包括数据编码、数据解码、对象实例化、对象发布和对象订购等 5 个子模块。其中,数据编码子模块将对象类各属性的值编码为对象数据包;数据解码子模块将从 RTI 上订购的数据,进行数据解码,获取对象类各属性的值;对象实例化子模块负责对对象类进行实例的注册、发现、删除,根据输入的对象类名称、对象类各属性名称得到实例化后的对象实例句柄和名称;对象发布子模块实现对象实例数据的更新,请求联邦更新指定的类属性,输出对象实例各属性值的数据包;对象订购子模块反射对象实例属性值,获取 RTI 上发布的对象实例信息。

3）数据管理模块

数据管理模块负责存储本地对象的当前实际数据值,维护各对象数据的读写与更新,具体包括运行管理数据管理、追踪航天器 GNC 数据管理、追踪航天器动力学数据管理、外测与中继数据管理、组合体动力学数据管理、目标航天器动力学数据管理、目标航天器 GNC 数据管理等 7 个子模块。子模块通过定义对象类结构体,实现对相应对象类属性数据的管理。

4）用户界面模块

用户界面模块通过界面形式实现仿真软件与用户的交互,包括主界面和仿真输入界面两个子模块,实现仿真初始配置的用户输入,对仿真运行的控制和仿真过程的信息显示。

主界面子模块为用户与仿真软件交互的界面主框架,包括界面框架、菜单、工具栏、状态栏、仿真事件列表窗口、仿真运行操作区等。用户在主界面上实现对仿真的运行控制。主界面模块是其他界面模块的驱动和总装模块,用户通过主界面子模块发送消息给对象管理与交互管理等模块,驱动仿真运行。

仿真输入界面子模块是用户仿真想定的输入界面,通过该界面,用户将时间参数和联邦初始化参数等各种想定数据输入到仿真系统,并传递给仿真系统其他模块,作为仿真起始条件和仿真运行控制的依据。

5）时间管理模块

时间管理模块包括阶段时间处理和仿真同步两个子模块。阶段时间处理子模块使仿真系统中的各个同步节点都按时间戳顺序处理事件,同时控制协调具有不同局部时钟管理类型的组件在全局时间轴上的推进,以保证仿真因果关系的正确性;仿真同步子模块根据仿真时间和初始设定的各阶段时间,准确及时地进行仿真阶段切换,确保仿真的有序进行。

3. 实现方式

用户界面模块是仿真管理子系统与用户交互的窗口,包括仿真输入、仿真运行、重要事件显示三大类活动。仿真输入用来设置仿真各阶段参数、仿真的初始状态,仿真运行用来控制仿真运行过程,重要事件显示用来对仿真进程进行查看。用户界面基于 MFC 开发。

仿真管理子系统用户界面功能的实现是以对象管理模块为操作基础,同时调用交互管理模块和数据管理模块中的功能,并通过时间管理模块实现仿真的同步。根据仿真需求,仿真管理子系统具有单机运行和网络运行两种模式。单机运行模式主要用于高性能计算机上各计算程序的调试,从而提高集成调试效率;网络运行模式则用于实现分布式仿真。

3.4.7 接入服务子系统

1. 作用

接入服务子系统负责地面飞控中心、航天员中心交会对接手控训练模拟器等外部系统与仿真系统的连接,实现双方数据交互和时间同步管理。

2. 组成

接入服务子系统由下行数据处理和上行指令处理两个模块组成,如图 3-16 所示。以地面飞控中心接入服务为例,各模块的功能和仿真原理如下:

（1）下行数据处理模块。对 GNSS 模拟器、USB 外测模拟器、中继卫星模拟器等产生的数据进行保存、逻辑关系处理和编码,并在规定的时刻将数据下行至地面飞行控制中心。

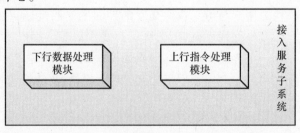

图 3-16 接入服务子系统的模块组成图

（2）上行指令处理模块。接收来自地面飞行控制中心的控制指令,并在规定时刻注入给目标航天器 GNC 系统或追踪航天器 GNC 系统。

3. 实现方式

下行数据处理模块和上行指令处理模块实际上都是一个数据编码器,具体实现时根据工程实际中下行数据和上行指令的编码格式编程开发,通过文件交互的方式接入仿真系统与其他软件模块进行数据交互,布置在接入节点。

3.4.8　可视化子系统

1. 作用

可视化子系统采用视频、图像、曲线、数据及声音等多种手段实现对仿真场景、关键事件和结果数据的直观演示,对仿真运行状态进行监视。

2. 组成

可视化子系统由三维可视化、二维可视化、视频系统、音频系统组成,如图 3 – 17 所示,其功能和仿真原理如下:

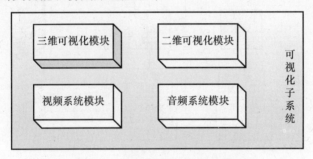

图 3 – 17　可视化子系统的模块组成图

（1）三维可视化模块。该模块包含的三维可视化模型主要有运载火箭模型、发射场及塔架模型、追踪航天器模型、目标航天器模型、载人飞船再入及降落伞模型、航天器离轨陨落模型。

（2）二维可视化模块。该模块具有运载火箭、追踪航天器、目标航天器的二维星下点和测控链路显示功能,可以对载人飞船返回着陆场、在轨运行段自主应急返回着陆区等区域进行二维显示。

（3）视频系统模块。通过视频、图像、文字等形式对三维、二维可视化模块的模型和场景以及其他辅助信息进行显示。辅助信息包括仿真任务时间、任务阶段、轨道参数、姿态参数、推进剂消耗、相对运动轨迹、对接走廊等。

（4）音频系统模块。与三维可视化场景同步播放火箭发射、抛助推器、抛整流罩、发动机喷气等音效,共同构筑一个逼真的可视化显示环境。

3. 实现方式

可视化子系统硬件接口关系如图 3－18、图 3－19 所示。二维、三维可视化输出信号通过 DVI 视频矩阵转化为 8 路独立输出,可通过柱幕投影或液晶电视进行演示;三维可视化音效和仿真通信指挥的声音通过音频矩阵传输给音箱或其他子系统。

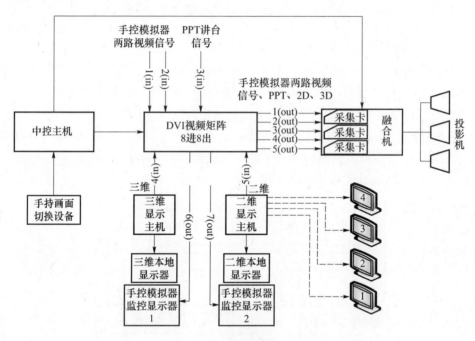

图 3－18　视频系统接口关系

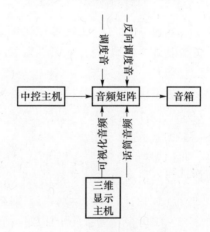

图 3－19　音频系统接口关系

3.5 仿真系统运行设计

仿真系统担负的主要任务是验证系统间接口及任务流程的正确性,不同仿真任务参与的仿真节点和运行逻辑各不相同,但基本上可划分为规划和仿真两个环节。在规划环节,根据总体仿真任务方案进行关键参数提取,得到标称方案。在仿真环节,根据标称方案和仿真设置各功能模块进行数据交互,得到仿真结果。开展正常飞行过程、边界条件、故障预案等多种类型仿真,以满足仿真验证需求。

3.5.1 规划环节

在联合仿真前,仿真系统需要规划得到标称任务的关键参数,如图 3-20 所示。首先,根据测控约束、能源约束、设计寿命等参数确定目标航天器的发射窗口和标称轨道,确定运载火箭标称弹道参数(包括射向、程序转弯参数等),目标航天器与运载火箭分离后,通过变轨机动,进入长期飞行状态。其次,根据目标航天器的实际轨道、追踪航天器调相能力、测控约束等规划得到追踪航天器的发射窗口和标称轨道,确定运载火箭标称弹道参数,追踪航天器与运载火箭分离后,进行调相机动,并完成后续交会对接等任务。

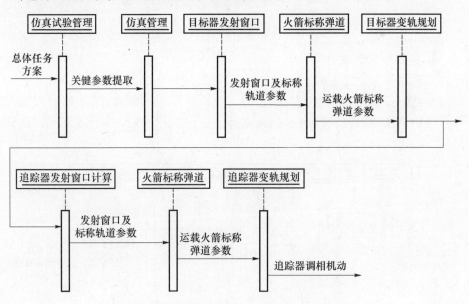

图 3-20 全任务剖面联合仿真规划运行流程

3.5.2 仿真环节

交会对接任务联合仿真主要包括目标航天器发射、追踪航天器发射、追踪航天器调相、交会对接、组合体运行、组合体分离与载人飞船返回(或航天器离轨再入)、目标航天器升轨。实际仿真过程中,所有模块同时接入仿真系统并行运行,但各仿真流程内部涉及的功能模块之间存在串行的执行顺序,交会对接任务联合仿真运行主要流程如下:

1. 目标航天器发射

在目标航天器发射时,火箭控制弹道模块将根据目标航天器标称轨道和运载火箭标称弹道得到目标航天器的入轨参数,外测中继模块根据目标航天器的真实轨道生成地面飞行控制中心用于定轨预报的外测中继数据,目标航天器发射仿真的运行流程如图3-21所示。

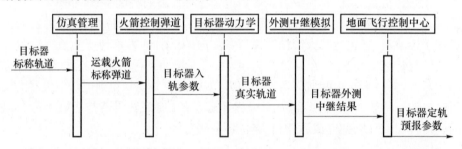

图3-21　目标航天器发射仿真运行流程

2. 追踪航天器发射

在追踪航天器发射时,与目标航天器的发射过程略有不同,追踪航天器的发射参数需要根据目标航天器最新的定轨预报结果不断修正,追踪航天器入轨后的轨道由地面飞行控制中心根据外测中继数据确定,整个仿真运行流程如图3-22所示。

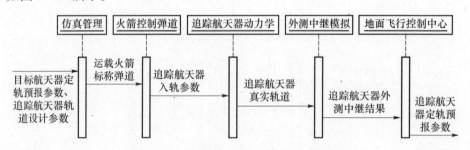

图3-22　追踪航天器发射仿真运行流程

3. 追踪航天器调相

在调相中,追踪航天器的机动策略是由地面飞行控制中心规划制定,由追踪航天器 GNC 负责执行,仿真运行流程如图 3 - 23 所示。

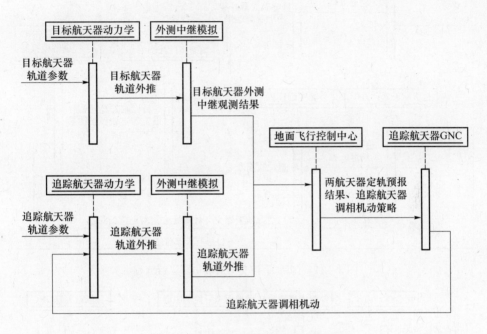

图 3 - 23　追踪航天器调相仿真运行流程

4. 交会对接

自动交会对接中追踪航天器的交会机动由追踪航天器 GNC 模块自主计算得到。

手控交会对接中,载人飞船的交会机动由航天员通过手控交会对接手柄直接实施,在仿真中采用手控训练模拟器模拟手控交会对接过程。交会对接仿真运行流程如图 3 - 24 所示。

5. 组合体运行

在组合体运行时,组合体的导航、制导与控制功能由目标航天器 GNC 接管,轨道机动方案由地面飞行控制中心规划制定,仿真运行流程如图 3 - 25 所示。

6. 组合体分离

与交会对接过程类似,在组合体分离过程中,根据是否有航天员参与分为自动分离和手控分离两种模式,两种模式分别为自动交会对接和手控交会对接的逆过程,仿真运行流程一致。

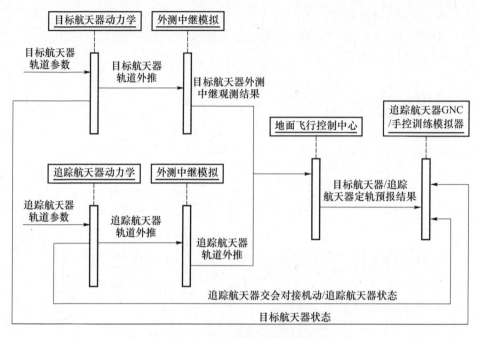

图 3-24　自动/手控交会对接仿真运行流程

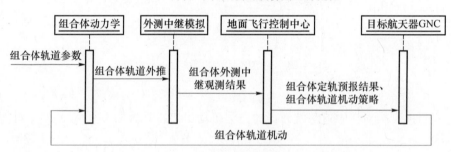

图 3-25　组合体运行仿真运行流程

7. 载人飞船返回/航天器离轨再入

载人飞船返回/航天器离轨再入时,地面飞行控制中心根据返回着陆点/离轨陨落区域要求和再入约束,以及载人飞船/航天器当前的外测中继数据,规划得到返回/离轨再入机动策略,通过天地链路上注至载人飞船/航天器 GNC 执行,整个过程的仿真运行流程如图 3-26 所示。

8. 目标航天器升轨

在目标航天器升轨控制时,地面飞行控制中心根据目标航天器的设计寿命和当前的外测中继数据规划得到升轨机动策略,通过天地链路上注至目标航天器 GNC 在轨执行,整个过程的仿真运行流程如图 3-27 所示。

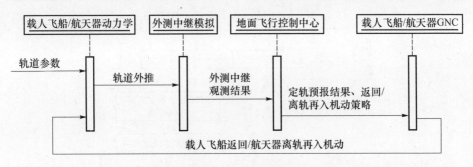

图 3 - 26　载人飞船返回/航天器离轨再入仿真运行流程

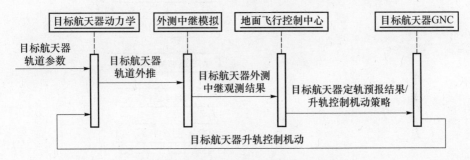

图 3 - 27　目标航天器升轨仿真运行流程

以上给出了交会对接任务主要的仿真运行流程,根据不同仿真目的,通过对上述仿真流程的组合和仿真运行环境的配置,采用不同的仿真运行模式即可满足不同的仿真验证需求。

3.5.3　不同仿真任务运行流程设计

1. 全任务剖面联合仿真

交会对接全任务剖面联合仿真采用仿真实验室与地面飞行控制中心、航天员中心闭环运行模式。目标航天器和追踪航天器的定轨预报、轨道控制规划,追踪航天器调相和返回/离轨再入控制规划均由地面飞行控制中心完成,手控交会对接过程通过航天员中心手控训练模拟器实现,仿真运行管理及其他仿真功能在仿真实验室完成,仿真流程如图 3 - 28 所示。

2. 航天员手控交会对接联合仿真

航天员手控交会对接联合仿真采用仿真实验室与航天员中心闭环运行模式,验证航天员手控交会对接在全任务流程中方案的正确性,以及与其他系统间的协调性和匹配性,主要的仿真流程如图 3 - 29 所示。

3. 边界条件与故障预案仿真

边界条件与故障预案仿真一般不需要其他参试中心接入,而是由仿真实验

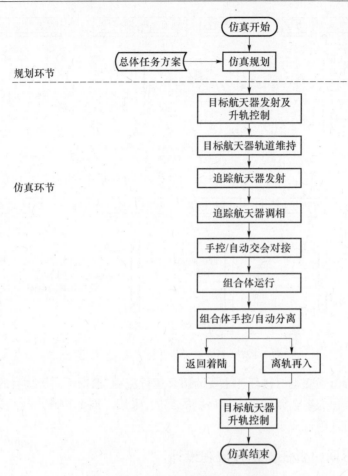

图 3 - 28　全任务剖面联合仿真流程

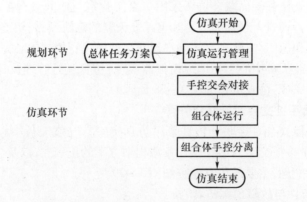

图 3 - 29　航天员手控交会对接联合仿真流程

室内部软硬件独立完成。边界条件与故障预案仿真往往需要进行大量仿真试验,采用一次设计、批量运行的方式,可以大大提高系统仿真的工作效率,主要的仿真流程如图 3 – 30 所示。

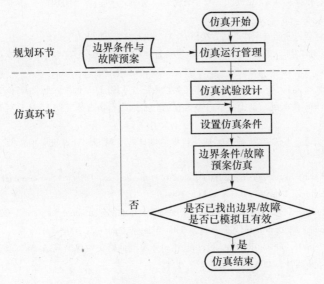

图 3 – 30　边界条件与故障预案仿真流程

3.6　小　结

为充分利用各系统已有的实际任务软件,提高交会对接任务联合仿真的真实性和客观性,需要科学的仿真系统架构作为支撑。本章从研制开发技术、系统需求分析、仿真系统层次结构、仿真子系统设计和仿真运行设计等 5 个方面介绍了交会对接任务仿真系统架构设计,可为航天及相关领域仿真系统构建提供借鉴。交会对接任务仿真需在建立的领域模型基础上设计系统架构,通常分为硬件层、平台层、仿真应用层三层,其拓扑结构按照多个系统、子系统采用分布式架构搭建,其系统性能和软件构成由仿真需求提出。

参 考 文 献

[1] 张伯楠, 马晓兵, 郑伟, 等. 中国载人交会对接技术的设计与实现[J]. 中国科学: 技术科学, 2014, 44(1): 1 – 11.

[2] 石小林, 栾文博. 基于 HLA 的载人航天器飞行任务仿真平台研究与实现[J]. 航天器环境工程, 2016, 33(1): 28 – 34.

[3] 徐磊. 航天器姿态轨道控制仿真系统研究[D]. 哈尔滨: 哈尔滨工业大学, 2009.

[4] 石磊,管乐鑫,王京海,等. 交会对接地面验证技术[J]. 中国科学:技术科学, 2014, 44(1): 27-33.

[5] 王春慧,龙升照. 系统仿真在载人航天中的应用[J]. 系统仿真学报, 2001, 13(2): 224-226.

[6] 王华,尤岳,林西强,等. 空间交会对接任务仿真系统架构设计与实现[J]. 载人航天, 2013, 19(3): 46-51.

[7] 宫颖,程卓. 载人飞船安全性评估方法研究[J]. 载人航天, 2008(1):015.

[8] 李辉,王波,郝兴伟. 运载火箭导航计算子系统建模与仿真[J]. 系统仿真学报, 2006, 18(2): 267-270.

[9] 陈相周,顾侧峰,吕大奎. 神舟号载人飞船测控通信分系统[J]. 上海航天, 2005, 22(5): 9-13.

[10] 伍智锋,唐硕,杜承烈. 基于共享内存机制的分布式飞行仿真研究[J]. 计算机仿真, 2002, 19(6):18-21.

[11] 徐小蕾,苏厚勤. 分层系统 Socket 通信软件的设计与实现[J]. 计算机应用软件, 2009, 26(1): 173-175.

[12] Frank Buschman, Regine Meunier, Hans Rohnert, et al. Pattern-Oriented Software Architecture[M]. A System of Patterns. John Wiley & Sons Ltd, 1996.

[13] Frank Buschman, Kevlin Henney, Douglas C Schmidt. Pattern-Oriented Software Architecture[M]. A Pattern Language for Distributed Computing. John Wiley & Sons Inc, 2007.

[14] Gamma E, Helm R, Johnson R, et al. 设计模式:可重复面向对象软件的基础[M]. 李英军,等译. 北京:机械工业出版社, 2000.

第4章　交会对接任务仿真平台

交会对接任务仿真平台是仿真系统的基础,为交会对接任务仿真提供建构、分析、运行、管理和维护工具,很大程度上决定了系统开发最终目标的达成与实现。交会对接任务仿真平台把系统开发的系统模型和软硬件有效集成起来,在系统研发中起到非常重要的作用,它不但可以提高系统的重用性,控制系统的复杂性,而且可以保持整个系统的一致性、可扩展性,并提高系统开发的质量和效率。本章将开展交会对接任务仿真平台的研究。

4.1　基于 HLA 的仿真平台

HLA 是分布交互仿真中使用最为广泛的标准,基于 HLA 的仿真平台在航天领域应用较多,本节介绍基于 HLA 的仿真平台的相关技术。

4.1.1　基于 HLA 仿真的联邦逻辑结构

HLA 是支持分布式仿真的框架结构,是在仿真应用已经存在的情况下考虑如何集成联邦成员和构建联邦。在 HLA 中,互操作定义为联邦成员之间能够相互提供服务。HLA 定义了相应的仿真框架结构和机制来实现联邦成员之间的互操作,并提供了标准的仿真框架结构给联邦成员使用。在 HLA 仿真框架结构下,一个经典的仿真系统的 HLA 联邦的逻辑结构如图 4 - 1 所示。

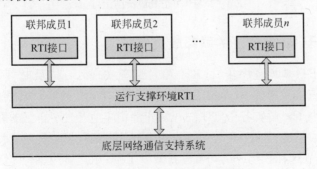

图 4 - 1　HLA 仿真联邦的逻辑结构

RTI 是 HLA 体系结构的核心,它实现了 HLA 接口规范中定义的服务,提供一系列符合 HLA 接口规范的服务函数支持联邦成员之间的互操作。

4.1.2 基于 HLA 仿真的联邦成员的运行过程

在基于 HLA 的分布式仿真系统中,仿真联邦成员要正常参与仿真系统的联邦运行,除了需要完成模型功能仿真的计算,还要按照 HLA 接口规范调用 RTI 的管理服务和响应 RTI 的回调。HLA 仿真联邦成员运行过程中的主要工作包括初始化联邦成员数据,创建联邦或者加入联邦,声明时间管理策略,声明公布/订购关系,请求时间推进,注册和发现对象实例,更新和反射对象实例,发送和接收交互实例,退出并撤销联邦等,具体运行过程如图 4-2 所示。

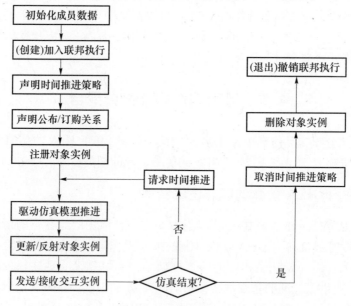

图 4-2　HLA 仿真成员的运行过程

4.1.3 基于 HLA 仿真的联邦成员接口

在基于 RTI 应用程序接口(RTI API)编程实现联邦成员时,联邦成员中模型实现代码直接集成到 HLA 提供的仿真框架代码中,两者紧密耦合,给联邦成员的重用带来了障碍。各个 RTI 的开发商都相应地开发了自己的联邦成员仿真框架自动生成系统,如 MAK 公司通过对 RTI API 函数封装实现了程序开发工具箱 VR-Link。这种联邦成员开发方式减少了用户的编码工作。但是,用户除了需要了解怎样使用联邦成员仿真框架自动生成系统之外,更困难的是要学习怎

104

样把模型实现代码集成到联邦成员仿真框架之中。因此,需要 HLA 仿真专业人员进行辅助和指导。

在 HLA 仿真系统的联邦运行过程中,联邦成员之间需要进行数据交互,就必须提供一个一致的、单一的 FOM,否则,即使 HLA 是一致的,联邦成员也不能互操作。FOM 描述了在仿真系统联邦运行过程中将参与联邦成员信息交互的枚举数据类型定义、复杂数据类型定义、对象类信息、交互类信息、对象类属性特性、交互类参数特性和路径空间信息等。利用 FOM 和联邦成员仿真框架自动生成系统可以减轻联邦成员开发人员的工作量,但在分布式仿真系统开发的迭代反馈过程中,当 FOM 被修改时,相关的联邦成员都需要进行相应的修改,不管是利用联邦成员仿真框架自动生成系统重新生成框架再集成模型,还是在已集成的联邦成员中进行相应的修改,都将阻碍分布式仿真系统的开发进程。

为此,采用可执行程序的模型封装方式,利用共享内存动态库把联邦成员的底层 RTI 服务功能封装到一个独立的 HLA 适配器可执行程序中,实现模型代码与仿真框架代码的完全分离,解决两者的高耦合。

4.2　基于 HLA 和共享内存的两层仿真平台

HLA 是分布式仿真的标准,然而采用 HLA 仿真时,各个专业领域的模型很难直接接入到 HLA 仿真平台中,专业领域的模型开发人员进行模型集成时,面临着学习和理解 HLA 的规范,熟悉和掌握 HLA/RTI 的运行机制与编程实现等困难。将 HLA 与共享内存技术结合,形成 HLA 和共享内存两层仿真平台,既可以解决分布式仿真交互,又可以提高单机并行仿真速度,是一种较好的思路。

HLA 适配器是 HLA 和共享内存仿真交互架构的具体实现。HLA 适配器是没有集成仿真模型功能的联邦成员。HLA 适配器为连接 RTI 通信环境和仿真模型实体的中间件,以独立的可执行程序形式存在,封装了创建或加入联邦执行、声明公布/订购关系、声明时间推进策略、注册对象实例、更新/反射对象实例等底层 RTI 服务功能,并作为共享内存中间件的主控程序,通过共享内存读写完成本地数据与网络数据的交互功能,通过发送中断消息触发共享内存中间件调用仿真模型实体的回调函数指针,控制仿真模型实体程序进行仿真推进。

4.2.1　HLA/共享内存两层仿真平台技术要求

从工程实际出发,HLA/共享内存两层仿真平台应该满足如下要求:

(1) 独立性。不介入领域模型内部,仅关注数据接口信息,使得领域建模活动与联邦开发、HLA/共享内存两层仿真平台开发相分离。

（2）标准化。与领域模型交互接口标准化,提供规范化的函数接口和结构化的数据接口满足领域模型仿真建模需求,提高建模效率。

（3）通用性。不需要对不同的模型进行特别的处理,用户只需要进行简单的设置操作,HLA/共享内存适配器实现工作就可由程序自动完成,使得开发人员可以专注于主要的领域问题。

4.2.2　HLA/共享内存两层仿真平台技术原理

为克服已有方法的不足,我们采用了基于共享内存中间件的适配器机制来实现 HLA 封装,并成功地应用到航天任务分布式仿真系统中。HLA/共享内存适配器本质上是一个符合 HLA 规范的独立应用程序,是领域模型同 RTI 之间的桥梁。HLA/共享内存适配器通过共享内存中间件的接口函数与领域模型进行数据交互,对其进行仿真控制并负责同 RTI 之间的通信。HLA/共享内存两层仿真平台技术原理如图 4-3 所示。

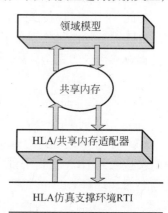

图 4-3　HLA/共享内存两层仿真平台技术原理

HLA/共享内存两层仿真平台,利用共享内存中间件实现领域建模与联邦成员建模相互分离。前者只考虑具体的仿真模型功能的实现,或者可以基于共享内存中间件直接使用已有的专业领域模型进行简单的封装,不需要为建立分布式仿真系统进行额外的重复工作;后者只考虑仿真模型的输入输出接口以及所有仿真模型输入输出接口的对应关系,不关心模型的实现细节。整个开发过程更清晰明朗,具有更好的可控性,也便于已有的各个专业领域资源的重用。

4.2.3　HLA/共享内存两层仿真平台运行流程

HLA/共享内存两层仿真平台封装了联邦成员的运行过程和共享内存动态库的调用,并有机组合了 RTI API 和共享内存中间件 API 的调用关系,完成联邦成员与联邦成员、仿真模型与仿真模型、联邦成员与仿真模型之间的数据交互,同时完成所有联邦成员和仿真模型的协同仿真推进。HLA/共享内存两层仿真平台运行流程如图 4-4 所示。

HLA/共享内存两层仿真平台首先初始化成员数据、（创建）加入联邦、声明时间推进策略、声明公布/订购关系、注册对象实例、注册回调节点与共享内存数据,然后进入仿真主循环。仿真主循环执行步骤如下:

（1）处理回调函数;

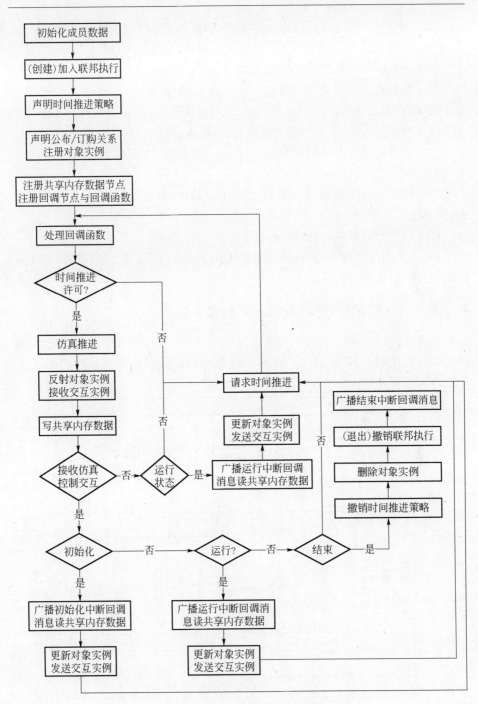

图 4 – 4 HLA/共享内存两层仿真平台运行流程

（2）判断时间推进许可，如果允许推进，则进入步骤（3），否则进入步骤（9）；

（3）仿真推进、反射对象实例、接收交互实例、写共享内存数据；

（4）判断接收仿真控制交互，如果收到，则进入步骤（5）；否则进入步骤（6）；

（5）判断仿真控制交互是什么控制消息，如果是初始化，则进入步骤（7）；如果是运行，则进入步骤（8）；如果是结束，则进入步骤（10）；否则进入步骤（9）；

（6）判断运行状态，如果是运行状态，则进入步骤（8），否则进入步骤（9）；

（7）广播初始化中断回调消息、读共享内存数据、更新对象实例、发送交互实例，然后进入步骤（9）；

（8）广播运行中断回调消息、读共享内存数据、更新对象实例、发送交互实例，然后进入步骤（9）；

（9）请求时间推进，返回步骤（1）；

（10）撤销时间推进策略、删除对象实例、（退出）撤销联邦、广播结束中断回调消息结束仿真主循环。

4.2.4　HLA/共享内存两层仿真平台交互模式

HLA/共享内存两层仿真平台通过共享内存动态库与仿真应用进行交互，通过 RTI 与其他基于 HLA/共享内存两层仿真平台的模型完成互操作。HLA/共享内存两层仿真平台交互模式如图4-5所示。

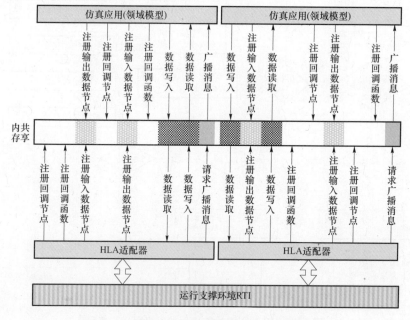

图4-5　HLA/共享内存两层仿真平台交互模式

4.3　仿真模型标准接口

基于 HLA 和共享内存的两层仿真平台中,仿真模型接口采用标准共享内存方式。这一方式屏蔽了 HLA 等具体仿真协议的实现,实现了仿真模型完全可移植。

4.3.1　共享内存中间件

中间件是位于底层支撑和上层应用之间的通用服务,这些服务具有标准的函数接口和协议。共享内存作为进程交互最快的方式,可支持单机多模型仿真的快速和大数据量交互。共享内存中间件就是一个封装了共享内存操作和中断回调机制的动态链接库,并提供一些标准的接口函数。共享内存动态库屏蔽共享内存建立和映射的复杂过程,并由首次载入动态库的进程自动完成共享内存的建立,最后一个释放动态库的进程自动完成共享内存的释放,而这一切对所有使用者来说都是透明的。

共享内存,是为适应单机上多个进程之间数据交互的需要,在内存中开辟所有进程共享的一块区域,在主控调度管理进程统一管理下,每个被控进程在运行中均可实现对该区域的读写操作。在共享内存中交换的数据采用读写共享内存的方式进行管理,每个进程必须先进行节点注册,节点注册之后才可以进行数据注册,凡是需要获取该数据的进程可以通过该数据的标识读取该数据来实现,需要输出该数据的进程可以通过该数据的标识写入该数据来实现。数据交互相关接口函数如下:

（1）bool AsRegisterData（const char * sDataName, int nDataSize , int &nDataID）。注册某个仿真节点的数据,一个仿真节点可以注册多个数据。本函数主要用来根据数据名称、数据大小在共享内存中注册一块数据区域,用来进行数据读写。sDataName 为数据名称传入参数,nDataSize 为数据大小传入参数,nDataID 为返回的数据 ID。

（2）bool AsGetDataIDByName（const char * sDataName, int &nDataID）。根据数据名称获取数据 ID 号。本函数主要用来根据数据名称获取其共享内存中对应的数据 ID 号,方便数据读写操作。sDataName 为数据名称传入参数,nDa-taID 为数据 ID 号传出参数。

（3）bool AsReadDataByID（int nDataID, int &nReadCount, void * Buf）。根据数据 ID 号读取数据。本函数主要用来根据数据 ID 号和读数序号在共享内存中读取数据,如果共享内存中的数据序号小于等于函数参数中的数据序号,则不会读取共享内存中的数据,否则读取共享内存中的数据,并把共享内存中的数据序号传回给函数参数中的数据序号。nDataID 为数据 ID 号传入参数,nReadCount 为数据序号传入传出参数,Buf 为数据传出参数。

(4) bool AsWriteDataByID(int nDataID, const void * Buf)。根据数据 ID 号写入数据。本函数主要用来根据数据 ID 号往共享内存中写入数据。nDataID 为数据 ID 号传入参数,Buf 为数据传入参数。

中断回调机制是指 CPU 利用回调函数指针对系统中或系统外发生的异步事件进行响应,中断回调的实现是中断请求和中断响应两者共同完成。为了实现在单机上多个进程的同步推进,需要有独立的主控调度管理进程,该进程根据时钟推进调度其他被控进程进行仿真推进,其他被控进程在推进之前获取自己订购的数据,在推进完成后更新自己发布的数据。仿真运行过程中,各被控进程分别响应其回调函数,依据主控调度进程广播消息中传递的仿真时钟、行为类型和状态参数等信息,进行必要的操作(包括数据读写)将自身状态推进至指定时刻,从而完成一步推进并等待下一次消息。驱动控制相关接口函数如下:

(1) bool AsRegisterNode(const char * sNodeName, const AsFuncSMCallBack pFunc, int &nNodeID)。注册一个节点。本函数主要用来根据节点名称、回调函数在共享内存中注册一个节点。sNodeName 为节点名称传入参数,pFunc 为回调函数指针,nNodeID 为返回的节点 ID。

(2) bool AsBroadCastCtrlMsg (int nMsg, int nUserDataSize, const void * pUserDate, bool isSyncMode)。群发中断回调的广播消息。本函数主要用来根据主控节点请求的中断回调的广播消息和消息传递的参数群发中断回调的广播消息。nMsg 为消息类型传入参数,nUserDataSize 为用户自定义数据大小,pUserDate 为用户自定义数据指针,isSyncMode 为广播回调类型,isSyncMode 为 true 时表示同步回调,主控函数等待所有中断回调完成后返回,isSyncMode 为 false 时表示异步回调,主控函数不等待所有中断回调完成,立刻返回。

(3) bool AsSendCtrlMsgByID (int nNodeID, int nMsg, int nUserDataSize, const void * pUserDate, bool isSyncMode)。指定节点 ID 发送中断回调消息。本函数主要用来根据主控节点指定的节点 ID 发送中断回调消息。nNodeID 为需要回调的节点的 ID,nMsg 为消息类型传入参数,nUserDataSize 为用户自定义数据大小,pUserDate 为用户自定义数据指针,isSyncMode 为广播回调同步类型。

4.3.2　仿真模型标准接口

模型是航天任务仿真系统的基础,模型接口的标准化,是航天任务仿真系统快速简单集成的关键。基于 HLA 和共享内存的两层仿真平台中模型基于共享内存中间件、采用可执行程序或者动态链接库的形式封装,使异构模型的架构同构化、接口标准化。模型封装方式如图 4-6 所示。

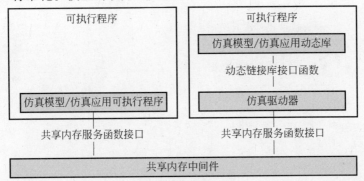

图 4-6　模型封装方式

封装成可执行程序的模型利用共享内存操作和中断回调机制与外部进行交互,数据交互通过共享内存操作完成,驱动控制通过中断回调机制完成。利用共享内存中间件对模型程序封装将变得十分简单,如基于命令行方式的模型程序封装的伪代码实现如下:

```
int main() //主函数
{
    //进行程序初始化
    //注册共享内存回调节点和回调函数:MdCallback
    //注册共享内存数据节点
    //挂起进程
    return 1;
}
bool MdCallback(int msg, int nDataSize, const void * pMsgData)    //回调函数
{
    //按照 nDataSize 大小,获取 pMsgData 中的仿真步长、仿真时间等数据
    switch(msg)
    {
    case MT_INIT:  //初始化
      {
        //1. 读取初始化数据;
        //2. 初始化模型;
        //3. 写入模型输出数据
        break;
```

111

```
      }
  case MT_RUNNING：  //运行
    {
      //1. 读取模型输入数据；
      //2. 运行模型；
      //3. 写入模型输出数据
      break；
    }
  case MT_STOP：  //终止
    {
      //终止模型
      break；
    }
  default：
    break；
    }
  }
```

封装成动态链接库的模型提供初始化、运行和终止 3 个接口函数供仿真驱动器集成调用。3 个接口函数声明如下：

void MdInit（const CSimStruct * pSimParam，const void * pParam，const void * pInput，void * pOutput，void * pState）

仿真初始化接口函数，处理读取数据文件、数据初始化等工作，在每次仿真开始时由仿真驱动器调用一次。pSimParam 为仿真驱动器给模型传递的公共信息，pParam 为仿真驱动器给模型传递的初始参数数据，pInput 为仿真驱动器给模型传递的输入数据，pOutput 为模型给仿真驱动器传递的输出数据，pState 为模型给仿真驱动器传递的状态数据。

void MdAdvance（const CSimStruct * pSimParam，const void * pParam，const void * pInput，void * pOutput，void * pState）

仿真推进接口函数，处理仿真时间推进计算，在每次仿真推进时由仿真驱动器调用。pSimParam 为仿真驱动器给模型传递的公共信息，pParam 为仿真驱动器给模型传递的参数数据，pInput 为仿真驱动器给模型传递的输入数据，pOutput 为模型给仿真驱动器传递的输出数据，pState 为模型给仿真驱动器传递的状态数据。

void MdStop（const CSimStruct * pSimParam，const void * pParam，void * pState）

112

仿真终止接口函数,处理保存数据文件等工作,在每次仿真结束时由仿真驱动器调用一次。pSimParam 为仿真驱动器给模型传递的公共信息,pParam 为仿真驱动器给模型传递的参数数据,pState 为模型给仿真驱动器传递的状态数据。

仿真驱动器就是能够动态加载动态链接库形式模型的可执行程序。仿真驱动器利用共享内存操作和中断回调机制与外部进行交互,数据交互通过共享内存操作完成,驱动控制通过中断回调机制完成。

不管模型采用哪种形式实现,模型初始化参数和模型输入输出参数都是利用格式化的文档(如 CSV 格式,XML 格式等)提供给基于 HLA 和共享内存的两层仿真平台中的模型使用。CSV 格式参数如表 4－1 所列。

表 4－1　CSV 格式参数

数据类型	参数名称	数组长度	默认值	量纲单位	参数说明
double	X	1	0	m	位置 X 坐标
double	Y	1	0	m	位置 Y 坐标
double	Z	1	0	m	位置 Z 坐标
…	…	…	…	…	…

4.4　交会对接仿真管理软件

在开发基于 HLA 和共享内存的两层仿真平台的仿真系统时,为使用便利,通常需要开发独立的仿真管理软件,本节介绍交会对接仿真中的仿真管理软件相关技术。

4.4.1　仿真管理模式

交会对接仿真管理软件采用集中式智能管理模式,减轻交会对接分布式仿真管理的工作量,提高交会对接分布式仿真管理效率。集中式管理模式强调的是资源和数据的集中管理,通过提供一个单一的管理节点执行交会对接分布式仿真管理工作。交会对接分布式仿真管理模式如图 4－7 所示。

集中式智能管理模式以仿真实例作为基本管理单元,强调仿真实例和仿真试验数据的统一集中管理,通过工程化管理思想在数据集中的基础上实现过程的集中智能管理和监控。集中式智能管理模式通过仿真服务端和仿真客户端把实时在线的分布式动态变化的仿真计算节点以设备文件形式映射到仿真管理节点;同时把仿真实例和仿真试验方案直接存储在仿真管理节点,在部署仿真试验系统和部署仿真试验方案时,通过仿真管理节点根据仿真实例的关联信息和仿

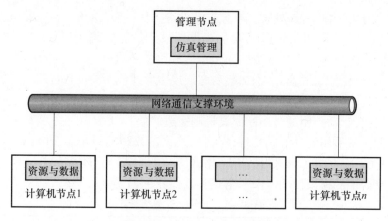

图4-7 交会对接仿真管理模式

真想定的配置信息分发仿真实例与仿真试验方案到仿真计算节点;在仿真试验完成后,仿真管理节点根据仿真实例的关联信息和仿真想定的配置信息回收仿真试验结果数据。这样就实现了仿真计算节点的动态监控和仿真实例与仿真试验数据的集中管理,解决资源管理的分布性、动态性与变更性和试验方案管理的变更性,以及试验数据管理的分布性所带来的困难。集中式智能管理模式以工程化管理技术来解决试验过程管理的迭代性所带来的困难。集中式智能管理模式通过迭代算法来解决试验方案管理、试验数据管理的多重性所带来的困难。归纳起来,集中式智能管理模式应用的关键技术如下:

(1) 以设备文件的形式把仿真计算节点映射到仿真管理节点形成一个集中式的操控环境,使管理工作简易化。

(2) 以仿真实例作为基本管理单元,使管理系统的管理对象简单化、单一化和平行化。所有仿真实例封装在一个仿真想定中,使分布式仿真试验系统透明化,隐藏其联邦属性和联邦成员属性,以仿真想定形式部署到仿真客户端,形成一个单一的仿真环境,为过程的集中式管理提供支持。仿真实例设置唯一标识ID,通过 ID 来实现仿真试验方案和仿真试验数据与仿真实例一一对应关系,为试验方案的部署和试验数据的回收提供支持。仿真实例配置相对路径信息以及试验方案相对路径信息,为仿真试验方案的部署和仿真试验系统的运行提供支持。

(3) 仿真管理节点通过唯一性算法来自动创建具有规律性的文件夹或文件保存数据来处理试验方案和试验数据的多重性。

(4) 仿真想定设置迭代变量,并只在仿真管理节点进行迭代运算,迭代完成之后通过网络同步到仿真客户端。

4.4.2   仿真管理实现

交会对接仿真管理的实现包括两部分：

（1）仿真管理软件。负责仿真总体协调控制，包括仿真启动、运行、暂停、交会对接过程中指令下达等。

（2）分布在各个计算机上的 HLA/共享内存适配器软件。负责仿真模型交互，隔离仿真模型与网络交互，实现仿真模型接口标准化。

交会对接仿真管理软件主界面如图 4 - 8 所示，包括标题栏、菜单、工具栏、仿真运行过程信息窗口、联邦成员信息窗口、数据显示及操作窗口等。

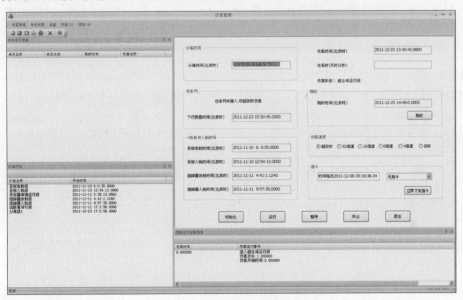

图 4 - 8   仿真管理软件主界面

4.5   小   结

交会对接任务仿真需要灵活、标准化的仿真平台支撑。本章介绍了交会对接仿真中采用的基于 HLA 和共享内存的仿真平台。HLA 是分布式仿真应用最广泛的底层标准，但仅采用该标准在仿真扩展性、单计算机多模型仿真速度方面存在困难，采用共享内存与 HLA 相结合的仿真平台，既可以解决分布式仿真的标准交互问题，又可以提高单机并行仿真速度。交会对接仿真中为了提高模型可移植性，还采用了标准的模型接口规范。

参 考 文 献

[1] Yang Mei, Cai Ying, Huang Jian, et al. Research on Atomic Component Model Development in BOM – based HLA Simulation[C]. Proceedings 2011 2nd IEEE International Conference On Software Engineering and Service Science, Beijing, China, IEEE Press, 2011:905 –910.

[2] Don Brutzman, Michael Zyda, J Mark Pullen, et al. Extensible Modeling and Simulation Framework (XMSF) Challenges for Web – Based Modeling and Simulation [R]// Findings and Recommendations Report, Monterey, CA, USA, Oct. , 2002. USA:SAIC, 2002: 52.

[3] Juergen Dingel, David Garlan, Craig Damon. Bridging the HLA:Problems and Solutions [C]// Proceedings of the 6th IEEE International Workshop on Distributed Simulation and Real – Time Applications (DS – RT' 02). USA: IEEE, 2002.

[4] 周彦,戴剑伟,等. HLA 仿真程序设计[M]. 北京:电子工业出版社,2002.

[5] 尹娟,郝建国,黄柯棣. 基于高层体系结构对象模型的联邦成员软件框架自动生成与实现[J]. 系统仿真学报,2002,14(6):718 –722.

[6] 甘斌,王月平. 基于组件的联邦成员生成框架设计与实现[J]. 系统仿真学报,2007,19(11):2622 –2624.

[7] 李密,慕晓冬,李佳晨,等. 基于 Agent 的 HLA 联邦成员生成工具的设计与实现[J]. 系统仿真学报,2009,21:210 –213.

[8] 徐小生. 导弹攻防分布式仿真管理设计与实现[D]. 长沙:国防科技大学,2016.

第5章 交会对接系统仿真建模

交会对接任务系统仿真依赖于精确的数学模型,数学建模的合理性直接影响仿真结果的可信度。本章主要介绍交会对接任务仿真系统的轨道动力学、姿态动力学,外测、中继测量模拟,以及远距离导引(通常采用地面控制)、近距离导引(通常采用自主控制)、可视化等仿真模型。

5.1 交会对接轨道及姿态动力学建模

为实现交会对接任务的控制仿真,需建立交会对接轨道动力学模型、姿态动力学模型、轨道环境模型、测量敏感器模型,船(器)上导航、制导与控制(GNC)计算模型,以及执行机构模型等。

5.1.1 轨道动力学建模

轨道动力学模型根据航天器的轨道参数,计算给定时刻地心赤道惯性坐标系(简称惯性系)下航天器的位置速度,并换算到所需坐标系中。交会对接轨道动力学建模与一般航天器的轨道建模区别在于,交会对接有两个航天器(目标航天器和追踪航天器),需分别建立轨道动力学模型,并根据两航天器绝对轨道参数计算出相对位置和相对速度信息,作为测量敏感器模型的输入。

1. 数学模型

单个航天器的轨道动力学模型以二体万有引力模型为基础,并考虑摄动力的影响,有

$$\ddot{r} = -\frac{\mu}{r^3}r + p \tag{5-1}$$

式中:μ 为中心天体引力常数(地球引力常数 $\mu = 3.986004415 \times 10^{14}$);$r$ 为由地心至航天器质心的矢量;$r = |r|$ 为由地心至航天器质心的距离,称为地心距;$\ddot{r}$ 为 r 的二阶导数;右端第一项为中心天体引力加速度;p 为其他摄动力引起的摄动加速度,包括中心天体非球形引力摄动、日月引力、大气阻力摄动、太阳光压摄动、地球辐射压摄动、潮汐摄动等。

对于载人飞船等执行近地轨道交会对接任务的航天器来说,中心引力、非球形引力、大气阻力影响显著。另外,日月引力、太阳光压也有一定影响。其中,非球形摄动可根据工程需要选择 16 ~ 64 阶。

式(5 - 1)为二阶常微分方程组,可使用常用的龙格 - 库塔方法或高斯 - 杰克逊、KSG(Krogh - Shampine - Gardon)等多步法求解,得到任一时刻航天器惯性系下的位置速度及状态转移矩阵。

在近圆轨道进行近距离交会对接时,两航天器之间的相对位置运动可用 Hill 方程描述,但在建立交会对接的轨道仿真模型时,一般不直接采用相对运动方程,而是分别建立追踪航天器和目标航天器各自精确的轨道运动模型,由二者的绝对轨道信息得到相对信息作为相对测量敏感器模型的输入。从绝对轨道信息到相对位置速度信息的转换见式(5 - 2)和式(5 - 3)。

$$\boldsymbol{r}_{\mathrm{rvd}} = \boldsymbol{C}_{\mathrm{rvdo}}\boldsymbol{C}_{\mathrm{oi}}(\boldsymbol{r}_{\mathrm{i\_c}} - \boldsymbol{r}_{\mathrm{i\_t}}) \qquad (5-2)$$

$$\boldsymbol{v}_{\mathrm{rvd}} = \boldsymbol{C}_{\mathrm{rvdo}}\boldsymbol{C}_{\mathrm{oi}}(\boldsymbol{v}_{\mathrm{i\_c}} - \boldsymbol{v}_{\mathrm{i\_t}}) - \boldsymbol{\omega} \times \boldsymbol{r}_{\mathrm{rvd}} \qquad (5-3)$$

式中:$r_{\mathrm{i\_c}}$,$r_{\mathrm{i\_t}}$ 为追踪航天器和目标航天器惯性系下的绝对位置矢量;$v_{\mathrm{i\_c}}$,$v_{\mathrm{i\_t}}$ 为追踪航天器和目标航天器惯性系下的绝对速度矢量;C_{oi} 为惯性系到目标航天器轨道系的姿态转换矩阵;C_{rvdo} 为目标航天器轨道系到其相对运动坐标系的姿态转换矩阵;ω 为目标航天器轨道角速度矢量。

2. 模型接口

轨道动力学模型的输入主要来自于执行机构控制力的输出,而轨道动力学模型的输出信息主要用于测量敏感器模型测量值计算的输入,以及交会对接过程的误差评估。

交会对接轨道动力学模型的输入主要有:历元时刻、上一时刻惯性系位置速度或轨道要素、执行机构输出的控制力、太阳光压、大气阻力、帆板干扰力等。

交会对接轨道动力学模型的输出主要有:历元时刻、惯性系位置速度、轨道信息(包括轨道六要素、轨道角速度、太阳矢量等)、目标航天器相对运动坐标系下的位置速度、追踪航天器本体系下加速度。

5.1.2 姿态动力学建模

姿态动力学模型反映航天器系统的姿态运动规律,根据控制及干扰力矩,计算航天器姿态角(采用欧拉角或四元数表示)及姿态角速度。交会对接仿真系统在目标航天器和追踪航天器各自绝对姿态动力学模型的基础上,还需计算两个航天器对接口坐标系之间的相对姿态及姿态角速度等信息,作为姿态测量敏感器模型的输入。

1. 绝对姿态模型

在刚体的情况下,单个航天器的姿态动力学模型为

$$\dot{H} + \omega \times H = M \tag{5-4}$$

式中:H,M 分别为刚体的角动量和作用于刚体的外力矩;ω 为刚体在惯性系的转速矢量。

若取航天器本体坐标系为主轴坐标系,则

$$\begin{cases} M_x = I_x \dot{\omega}_x + \omega_y \omega_z (I_z - I_y) \\ M_y = I_y \dot{\omega}_y + \omega_x \omega_z (I_x - I_z) \\ M_z = I_z \dot{\omega}_z + \omega_x \omega_y (I_y - I_x) \end{cases} \tag{5-5}$$

式中:M_x,M_y,M_z 分别为 M 在本体系三轴的分量;$\omega_x,\omega_y,\omega_z$ 分别为 ω 在本体系三轴的分量;I_x,I_y,I_z 分别为航天器本体系三轴惯量。

然而,执行交会对接任务的航天器一般带有大挠性帆板,考虑帆板挠性的情况下,采用中心刚体加柔性附件法建立单个航天器的柔性姿态动力学模型,即

$$I_s \dot{\omega}_s + \widetilde{\omega}_s I_s \omega_s + F_{s1} \ddot{\eta}_1 + F_{s2} \ddot{\eta}_2 = T_c + T_d \tag{5-6}$$

$$\ddot{\eta}_1 + 2\xi_1 \Omega_1 \dot{\eta}_1 + \Omega_1^2 \eta_1 + F_{s1}^T \dot{\omega}_s = 0 \tag{5-7}$$

$$\ddot{\eta}_2 + 2\xi_2 \Omega_2 \dot{\eta}_2 + \Omega_2^2 \eta_2 + F_{s2}^T \dot{\omega}_s = 0 \tag{5-8}$$

式中:I_s 为惯量阵;$\omega_s = \begin{bmatrix} \omega_x & \omega_y & \omega_z \end{bmatrix}^T$ 为惯性系角速度矢量在本体系下的描述;Ω_1,Ω_2 为左、右太阳翼的模态频率对角阵;η_1,η_2 为左、右太阳翼的模态坐标矢量;F_{s1},F_{s2} 为左、右太阳翼的柔性耦合系数阵;T_c 为控制力矩矢量;T_d 为干扰力矩矢量;ξ_1,ξ_2 为左、右太阳翼的模态阻尼系数;$\widetilde{\omega}_s$ 为角速度列阵的反对称阵,有

$$\widetilde{\omega}_s = \begin{bmatrix} 0 & -\omega_z & \omega_y \\ \omega_z & 0 & -\omega_x \\ -\omega_y & \omega_x & 0 \end{bmatrix}$$

式(5-6)~式(5-8)的航天器姿态动力学方程为非线性微分方程组,可使用龙格-库塔等方法通过计算机数值求解,得到每一时刻航天器的惯性系及本体系姿态角和姿态角速度等信息。描述单个航天器姿态动力学模型及方程数值求解的文献较多,这里不再详细给出。

通过求解单个航天器姿态运动方程,可以得到两个航天器的姿态角在各自本体坐标系中的表示,再通过坐标系间的转换关系可以得到追踪航天器相对于目标航天器的姿态,但在进行交会对接相对姿态建模时,一般根据两个航天器的绝对姿态信息,通过姿态转换矩阵计算获得相对姿态信息,作为相对姿态测量敏

感器的输入。目标航天器对接口坐标系与追踪航天器对接口坐标系间的相对姿态可由式(5-9)的姿态余弦阵 C_{b2b1} 求得,类似地,可由式(5-10)得到相对姿态角速度 $\boldsymbol{\omega}_{rel\_b2}$

$$C_{b2b1} = C_{b2o2} C_{o2i} C_{io1} C_{o1b1} \tag{5-9}$$

$$\boldsymbol{\omega}_{rel\_b2} = \boldsymbol{\omega}_{i\_c\_b2} - C_{b2b1} \boldsymbol{\omega}_{i\_t\_b1} \tag{5-10}$$

式中: C_{b2o2} 为追踪航天器轨道系到追踪航天器本体系的姿态余弦阵; C_{o2i} 为惯性系到追踪航天器轨道系的姿态余弦阵; C_{io1} 为目标航天器轨道系到惯性系的姿态余弦阵; C_{o1b1} 为目标航天器本体系到目标航天器轨道系的姿态余弦阵; $\boldsymbol{\omega}_{i\_c\_b2}$ 为追踪航天器本体系下的角速度; $\boldsymbol{\omega}_{i\_c\_b1}$ 为目标航天器本体系下的角速度。

2. 模型输入输出

姿态动力学模型的输入主要来自于执行机构产生的控制力矩和环境干扰力矩的输出以及轨道动力学模块的输出,而姿态动力学模型的输出信息主要用于姿态测量敏感器模型姿态测量值的计算,以及交会对接过程相对姿态控制的评估。

交会对接姿态动力学模型的输入有:上一时刻的姿态角速度,帆板转角和转速、帆板及中继的模态,外力矩(包括执行机构输出的控制力矩、气动力矩、重力梯度力矩、地磁力矩、太阳辐射力矩等),以及航天器本体系下的加速度等。

交会对接姿态动力学模型的输出有:姿态角和姿态角速度(包括惯性系和轨道系数据,有欧拉角形式和四元数形式)、相对姿态角和角速度、帆板干扰力、帆板转角、帆板模态等。

5.1.3 轨道环境建模

轨道环境模型根据航天器所处轨道的环境条件,计算输出环境干扰力和力矩,包括大气阻力、太阳光压、气动力矩、重力梯度力矩、地磁力矩、太阳辐射力矩等。

1. 大气环境模型

按下述公式计算大气阻力 F_a 和气动力矩 T_a,即

$$F_a = \frac{C_D}{2}(\rho V_R^2 A_p)\boldsymbol{v} \tag{5-11}$$

$$T_a = C_p \times F_a \tag{5-12}$$

式中: C_D 为大气阻尼系数; ρ 为大气密度; V_R 为面积元相对来流的平移速度; A_p 为迎流面面积; C_p 为航天器质心至压心的矢径; $\boldsymbol{v}$ 为来流方向的单位矢量。

2. 太阳辐射模型

太阳辐射作用在航天器表面上产生的压力称为太阳光压。一般情况下太阳

光压为

$$F = -P(1+\nu)S\cos^2\sigma\boldsymbol{n} + P(1-\nu)S\sin\sigma\cos\sigma\boldsymbol{t} \qquad (5-13)$$

式中：P 为太阳光压系数（全反射表面 $P = 9.0 \times 10^{-6}\mathrm{N/m^2}$，全吸收表面 $P \approx 4.5 \times 10^{-6}\mathrm{N/m^2}$）；$\boldsymbol{n}$，$\boldsymbol{t}$ 分别为帆板的法线和切线单位矢量；ν 为表面反射系数，σ 为阳光入射角；S 为太阳光垂直照射表面积。

将太阳光压转换到航天器本体系下，通过与质心到压心的矢径叉乘，可得到太阳光压力矩。

3. 重力梯度力矩

在地球中心引力场内运动的航天器，其质量分布的非对称性会产生重力梯度力矩。重力梯度力矩 $\boldsymbol{T}_\mathrm{g}$ 为

$$\boldsymbol{T}_\mathrm{g} = \frac{3\mu}{r^5}\boldsymbol{r} \times (\boldsymbol{I} \cdot \boldsymbol{r}) \qquad (5-14)$$

式中：$\boldsymbol{I}$ 为航天器惯量阵。

4. 地磁力矩

航天器磁矩与地球磁场相互作用产生磁力矩。令航天器磁矩为 $\boldsymbol{M}_\mathrm{b} = \begin{bmatrix} M_\mathrm{bx} & M_\mathrm{by} & M_\mathrm{bz} \end{bmatrix}^\mathrm{T}$，航天器所处地磁场感应强度在本体系中分量为 $\boldsymbol{B}_\mathrm{b} = \begin{bmatrix} B_\mathrm{bx} & B_\mathrm{by} & B_\mathrm{bz} \end{bmatrix}^\mathrm{T}$，则作用于航天器上的磁力矩为

$$\boldsymbol{T}_\mathrm{m} = \boldsymbol{M}_\mathrm{b} \times \boldsymbol{B}_\mathrm{b} \qquad (5-15)$$

5.2　外测及中继测量仿真建模

5.2.1　USB 外测模型

USB 外测模型误差包括系统偏差和随机偏差，其误差设置有两种实现模式：一是总的系统偏差服从均匀分布，在一次仿真中固定，总的随机偏差服从 Guass 分布；二是各分误差源的系统偏差服从 Guass 分布，在一个测量弧段中固定，各随机偏差服从 Guass 分布。

1. 站址误差

地基测量主要分为地面站和测量船两种。地面站误差体现在地面站位置在大地坐标系中的经度、纬度、高度偏差，测量船误差包括船的位置、航向、速度和水平姿态等测量误差。

2. 设备误差

设备误差为各测站的测距、测速、测角误差。

121

3. 大气折射误差

大气折射误差是由于地球大气对流层、平流层和电离层对电磁波的折射而导致的测距、测速和测角偏差,其中测角偏差仅包括仰角测量偏差,而方位角测量偏差可忽略,这些偏差可利用如下简化模型进行估计:

1)测距偏差修正项

USB 测站的测距偏差修正项 Δr 为

$$\Delta r = \Delta R \cdot f(E) \tag{5-16}$$

式中: $f(E)$ 为以仰角为函数的距离折算因子; ΔR 为对仰角 $E = 90°$ 时的电波折射误差垂直距离修正。二者的表达式分别为

$$f(E) = \begin{cases} \dfrac{1}{\sin E + \dfrac{0.00143}{\tan E + 0.0455}}, & 0° \leqslant E < 90° \\ 1, & E = 90° \end{cases} \tag{5-17}$$

$$\Delta R = \frac{N_0}{C_\alpha}(1 - e^{-C_\alpha h_T}) \times 10^{-3} \tag{5-18}$$

式中: h_T 为被探测航天器的海拔高度; N_0 为地面折射率,其计算公式为

$$N_0 = \frac{77.6}{T_0}\left(p_0 + \frac{4810 e_0}{T_0}\right) \tag{5-19}$$

其中: T_0 为地面大气热力学温度(K); p_0 为地面大气中的气体压强(hPa); e_0 为地面大气中的水汽压强(hPa)。

在式(5-18)中, C_α 为折射衰减系数,计算时以海拔 9km 处折射率为其中一个参考点进行计算,表达式为

$$C_\alpha = \frac{1}{9 - h_0}\ln\frac{N_0}{105} \tag{5-20}$$

式中: h_0 为地面海拔高度(km)。

2)测速偏差修正项

USB 测站的测速偏差修正项 $\Delta \dot{r}$ 为

$$\Delta \dot{r} = \Delta r \cdot f'(E) \cdot \dot{E} \tag{5-21}$$

式中: $\dot{E}$ 可根据测站与被探测航天器间的空间状态关系进行计算, $f'(E)$ 为

$$f'(E) = f^2(E)\left[\cos E + 0.00143\frac{\sec^2 E}{(\tan E + 0.0455)^2}\right] \tag{5-22}$$

3）仰角偏差修正项

采用蒙气差修正方法对仰角测量偏差项进行计算，在标准大气压条件下，仰角测量偏差修正项为

$$\Delta E = 60''.29 \tan z_0 - 0''.0688 \tan^3 z_0 \tag{5-23}$$

式中：z_0 为观测目标的天顶距，$z_0 = 90° - E$。

4）可见性分析

采用 USB 设备进行参数测量时，其可见性根据 USB 测站的仰角来判断，当仰角 $E \geqslant E_0$ 时（E_0 一般取 $0° \sim 7°$），则地面站（或测量船）与被探测航天器之间可见。

5.2.2　GNSS 测量模型

1. 误差来源分析

根据误差来源不同，GNSS（全球卫星导航系统）测量误差大致可以分为 3 类：一是与 GNSS 导航卫星有关的误差，包括卫星星历误差和卫星钟差及地球自转和相对论效应的影响；二是信号传播误差，是由于 GNSS 导航信号受传播介质的影响而造成的误差，包括电离层延迟、对流层延迟和多径效应；三是接收机误差，包括 GNSS 兼容机天线误差、测量噪声及接收机钟差等。

1）GNSS 卫星钟差

无论是伪距观测量还是载波相位观测量，其测量都以精密测时为依据，尽管 GNSS 导航卫星采用了高精度原子钟，但 GNSS 导航卫星时钟与 GNSS 系统时之间的偏差和漂移总量仍为 $0.1 \sim 1 \mathrm{ms}$，这将引起 $30 \sim 300 \mathrm{km}$ 的等效距离误差，在精密测量模型中需对此加以考虑。

2）星历误差

在 GNSS 导航定位中，GNSS 导航卫星的在轨位置作为动态已知点参与定位解算，该动态已知点的误差将直接影响定位结果。动态已知点的计算通过 GNSS 星历来实现，GNSS 兼容机采用的是广播星历，它是依据 GNSS 观测数据外推出来的卫星轨道参数，其精度会随着外推时间的增加而显著降低。因此，距离星历更新时间越长，星历误差越大，GNSS 导航卫星位置计算误差越大，相应的定位精度越低。

3）地球自转的影响

GNSS 导航定位采用的地心固连坐标系（如 WGS84 坐标系等），在某一时刻 GNSS 导航卫星从该瞬间的空间位置向 GNSS 兼容机发射信号，当 GNSS 兼容机接收到卫星信号时，与地心固连坐标系相对于卫星发射信号瞬间的位置已产生

旋转。在精密定位解算中，该项误差的影响不可忽略。

4）相对论效应

相对论效应是由于 GNSS 卫星时钟和 GNSS 兼容机接收机时钟所处的运动状态及重力场的不同而引起的 GNSS 卫星时钟和 GNSS 兼容机接收机时钟之间的相对时钟误差。相对论效应引起的相对时钟误差最大可达 70ns，在精密定位中应利用模型进行修正。

5）电离层延迟

电离层是地球大气的一个电离区域，从离地面约 50km 到约 1000km 高度的地球高层大气空域。由于太阳的强烈辐射，电离层中的部分气体分子将被电离形成大量的自由电子和正离子。电离层延迟的主要影响区域为 50～350km 空间区域。GNSS 卫星导航信号通过电离层时传播速度会产生变化，信号的路径会产生弯曲，致使量测结果产生系统性的偏离。电离层的影响与航天器运行轨道、观测时段及太阳活动情况密切相关，在精密测量中应予以重点考虑。

6）对流层延迟

对流层位于地球大气的最低层，集中了约 75% 的大气质量和 90% 以上的水汽质量，从地球表面到约 40km 高度的地球大气空域。电磁波在对流层的传播速度与频率无关，只与电磁波传播方向和大气折射率有关，而对流层的大气折射率与大气压力、温度和湿度有关。根据交会对接任务轨道特点，对流层对 GNSS 测量的影响可以忽略，但在地面试验及校飞试验中，对流层误差的影响不可忽略。

7）多径效应

多径效应是指 GNSS 兼容机除接收到从导航卫星直接到达接收机的导航信号外，还接收到了从其他表面反射来的卫星信号，多径效应与天线性能、天线安装环境、天线高度以及天线的设计有关。

8）接收机钟差

GNSS 兼容机采用高精度的晶振，但其晶振与 GNSS 卫星时钟并不一致，如果 GNSS 兼容机时钟与 GNSS 导航卫星时钟之间的同步误差为 $1\mu s$，则将引起 300m 的等效距离误差。在导航定位解算时，接收机钟差是一个不可忽略的误差源。

9）天线相位中心误差

在 GNSS 测量中，伪距观测量和载波相位观测量都是导航卫星到 GNSS 兼容机天线相位中心的距离，而天线对中以天线几何中心为准，因而要求天线相位中心与几何中心应保持一致。天线相位中心不稳会造成测量中心的漂移，从而带来较大的测量误差。

10）测量噪声

GNSS 兼容机测量噪声可以通过改善 GNSS 兼容机的软硬件设备来减小其

影响,此外,测量噪声还与天线的安装位置精度有关,包括天线对中误差、整平误差和天线高的测量误差等。在实际应用过程中,可将测量噪声当作随机误差进行处理。

对于绝对定位而言,上述各种误差源均会影响绝对定位的精度。由于在绝对定位过程中没有哪种误差的影响是绝对占优的,因此,无法通过差分消除各种误差的影响。绝对定位过程中的定位误差可看作各种误差的累加结果,可认为服从高斯分布。

2. GNSS 误差模型

根据交会对接轨道特性,GNSS 绝对定位可忽略对流层的影响,而进行交会对接的航天器处于电离层的中间地带,传统的电离层模型修正方式不适用于交会对接任务。为保证数学仿真与实际绝对定位测量的一致性,可在数学仿真模型中增加简化的电离层模型。电离层延迟的主要特点是不同观测方向上的延迟误差不同,天顶方向的电离层延迟误差最小,而仰角越低的方向上的电离层延迟误差越大,因而可将电离层模型简化为轨道位置的线性函数。

航天器差分 GNSS 兼容机绝对定位位置三轴误差 E 为

$$E = N(m_1, \sigma_1^2) + 5.5 \cdot r_i/r \tag{5-24}$$

式中:$N(m_1, \sigma_1^2)$ 服从均值为 m_1、方差为 σ_1^2 的高斯分布;r_i 为航天器在 WGS – 84 坐标系下的三轴位置分量;r 为相应的理论地心距。

航天器差分 GNSS 兼容机绝对定位速度三轴误差 E 服从均值为 m_2、方差为 σ_2^2 的高斯分布,即 $E = N(m_2, \sigma_2^2)$。

5.2.3　中继测量模型

1. 中继卫星星历计算

由于中继卫星轨道高度约为 35000km,大气阻力摄动可忽略不计,在惯性坐标系中,应用牛顿第二定律可得卫星运动方程为

$$\ddot{r} = f_{TB} + f_{NS} + f_{NB} + f_{TD} + f_{RL} + f_{SR} \tag{5-25}$$

式中:r 为卫星在惯性坐标系中的位置矢量 $r = xi + yj + zk$;f_{TB} 为二体作用力;f_{NS} 为地球非球形引力场摄动;f_{NB} 为日月和行星引力摄动;f_{TD} 地球潮汐摄动(包含固体潮、海潮);f_{RL} 为相对论效应;f_{SR} 为太阳光压摄动;

采用八阶龙格 – 库塔数值积分方法可得出卫星运动方程的数值解。

2. 四程距离模拟

1)四程距离解算

中继卫星对用户航天器的测定轨采用伪码测量四程距离,而后根据四程距离值对轨道进行拟合。地面终端站发送前向伪码信号至中继卫星,中继卫星又

把该信号转发至用户航天器,用户航天器解模糊后将信号转发给中继卫星,最后由中继卫星把该信号转发回地面终端站,如图 5 – 1 所示。四程距离数据的时标打在地面站信号发送时刻。

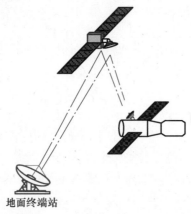

地面终端站

图 5 – 1　用户航天器四程距离数据

假设地面终端站发送信号的时间为 t_0,不考虑各转发器的固定时延,则用户航天器四程距离数据可表示为

$$\rho = c(t_4 - t_0) + \Delta\rho_{\text{trop}} + \Delta\rho_{\text{grel}} + \varepsilon \qquad (5-26)$$

式中:c 为光速;$\Delta\rho_{\text{trop}}$ 为对流层延迟修正;$\Delta\rho_{\text{grel}}$ 为广义相对论修正;ε 为随机误差。另外,

$$\tau_1 = t_1 - t_0 = |\boldsymbol{r}_{\text{TDRS}}(t_1) - \boldsymbol{r}_{\text{s}}(t_0)|/c$$

$$\tau_2 = t_2 - t_1 = |\boldsymbol{r}_{\text{c}}(t_2) - \boldsymbol{r}_{\text{TDRS}}(t_1)|/c$$

$$\tau_3 = t_3 - t_2 = |\boldsymbol{r}_{\text{TDRS}}(t_3) - \boldsymbol{r}_{\text{c}}(t_2)|/c$$

$$\tau_4 = t_4 - t_3 = |\boldsymbol{r}_{\text{s}}(t_4) - \boldsymbol{r}_{\text{TDRS}}(t_3)|/c$$

其中:$\boldsymbol{r}_{\text{s}}$ 为地面终端站位置的地心坐标;$\boldsymbol{r}_{\text{TDRS}}$ 为中继卫星位置的地心坐标;$\boldsymbol{r}_{\text{c}}$ 为用户航天器位置的地心坐标;t_1, t_2, t_3, t_4 分别为地面站信号到达中继卫星时刻、由中继卫星到达用户航天器时刻、再由用户航天器到达中继卫星时刻、最后由中继卫星再到达地面站的时刻;$\tau_1, \tau_2, \tau_3, \tau_4$ 分别为信号在 4 个阶段传播的时间延迟。在计算四程距离和数据时,可通过逐次迭代计算出时延量。具体步骤如下:

(1) 假设 $\tau_1 = 0$,计算 t_0 时刻地面终端站的位置 $\boldsymbol{r}_{\text{s}}(t_0)$ 和 $t_0 + \tau_1$ 时刻中继卫星的位置 $\boldsymbol{r}_{\text{TDRS}}(t_0 + \tau_1)$。

(2) 计算时延 $\tau_1 = |\boldsymbol{r}_{\text{TDRS}}(t_0 + \tau_1) - \boldsymbol{r}_{\text{s}}(t_0)|/c$。

(3) 计算中继卫星在 $t_0 + \tau_1$ 时刻的位置 $\boldsymbol{r}_{\text{TDRS}}(t_0 + \tau_1)$。

（4）重复（2）和（3）直至 τ_1 收敛，得到 τ_1。

（5）假设 $\tau_2 = 0$。

（6）计算 $t_0 + \tau_1 + \tau_2$ 时刻用户航天器的位置 $r_c(t_0 + \tau_1 + \tau_2)$。

（7）计算时延 $\tau_2 = |r_c(t_0 + \tau_1 + \tau_2) - r_{\text{TDRS}}(t_0 + \tau_1)|/c$。

（8）重复（6）和（7）直至 τ_2 收敛，得到 τ_2。

（9）假定 $\tau_3 = 0$。

（10）计算 $t_0 + \tau_1 + \tau_2 + \tau_3$ 时刻中继卫星的位置 $r_{\text{TDRS}}(t_0 + \tau_1 + \tau_2 + \tau_3)$。

（11）计算时延 $\tau_3 = |r_{\text{TDRS}}(t_0 + \tau_1 + \tau_2 + \tau_3) - r_c(t_0 + \tau_1 + \tau_2)|/c$。

（12）重复（10）和（11）直至 τ_3 收敛，得到 τ_3。

（13）假设 $\tau_4 = 0$。

（14）计算 $t_0 + \tau_1 + \tau_2 + \tau_3 + \tau_4$ 时刻终端站的位置 $r_s(t_0 + \tau_1 + \tau_2 + \tau_3 + \tau_4)$。

（15）计算时延 $\tau_4 = |r_s(t_0 + \tau_1 + \tau_2 + \tau_3 + \tau_4) - r_{\text{TDRS}}(t_0 + \tau_1 + \tau_2 + \tau_3)|/c$。

（16）重复（14）和（15）直至 τ_4 收敛，得到 τ_4。

（17）计算四程距离数据 $\rho = c(\tau_1 + \tau_2 + \tau_3 + \tau_4) + \Delta\rho_{\text{trop}} + \Delta\rho_{\text{grel}} + \varepsilon$。

由于中继卫星系统采用伪码测距方式进行测距，所以需要进行解距离模糊。仿真数据应为实际距离减去模糊距离得到。对于用户航天器测距数据，模糊度是前面计算的理论四程距离除以伪码一个周期对应的传输距离取整数得到，即

$$N = \left[R_{\text{F}} / R_{\text{M}} \right]$$

式中：N 为距离模糊数；R_{F} 为预报的四程距离；R_{M} 为伪码一个周期对应的传输距离。仿真数据的距离值为

$$R = R_{\text{F}} - N \cdot R_{\text{M}}。$$

2）误差模型

航天器的四程距离测量值误差包括系统误差和随机误差。系统误差 Δ_ρ 为给定上下限的均匀分布，即 $\Delta_\rho \sim U(a, b)$，系统误差在一次仿真中的值固定。随机误差 σ_ρ 服从均值为 0、方差为 σ 的高斯分布，即 $\sigma_\rho \sim N(0, \sigma^2)$，随机误差在不同次测量时不相同。

3. 可见性分析

用户航天器与中继卫星之间是否可见，与两者的空间位置关系、用户航天器的姿态情况、用户航天器上中继终端天线的安装位置、中继终端天线的转角范围等因素有关，下面对用户航天器与中继卫星之间的可见性进行分析。

中继卫星观测几何如图 5 - 2 所示。设中继卫星在 J2000 坐标系中的位置和速度为 r_z、v_z；用户航天器在 J2000 坐标系中的位置和速度为 r、v，相对于 J2000 坐标系的姿态矩阵为 M_{BI}，其横截面半径为 r_0，中继终端天线的安装角为

θ,天线在用户航天器轴向的安装位置为 d_0。则中继终端天线在用户航天器本体坐标系中的位置 r_{Ba} 为

$$r_{Ba} = \begin{bmatrix} d_0 & r_0\sin\theta & -r_0\cos\theta \end{bmatrix}^{T} \qquad (5-27)$$

则中继终端天线在 J2000 坐标系中的位置 r_{Ia} 为

$$r_{Ia} = M_{BI}^{T}r_{Ba} + r \qquad (5-28)$$

根据余弦定理,中继卫星和用户航天器之间的连线,与用户航天器和地心之间的连线的夹角 α 的表达式为

$$\alpha = \arccos\frac{|r|^2 + |r_z - r|^2 - |r_z|^2}{2|r||r_z - r|} \qquad (5-29)$$

所以,中继卫星观测的略地高度 h 为

$$h = |r|\sin\alpha - R_E \qquad (5-30)$$

式中: R_E 为地球赤道半径。

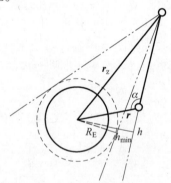

图 5-2　中继卫星观测几何

根据用户航天器中继终端天线的安装情况,可以获得中继终端天线姿态参考坐标系相对于用户航天器本体坐标系的姿态矩阵 M_{FB}。所以,中继卫星在用户航天器中继终端天线姿态参考坐标系中的位置矢量 r_{Fz} 可以表示为

$$r_{Fz} = M_{FB}M_{BI}(r_z - r) \qquad (5-31)$$

所以,中继终端天线需要指向的方位角 A_A 和仰角 E_A 的表达式为

$$A_A = \arctan\frac{-r_{Fzz}}{r_{Fzy}} \qquad (5-32)$$

$$E_A = \arctan\frac{r_{Fzx}}{r_{Fzy}^2 + r_{Fzz}^2} \qquad (5-33)$$

中继终端天线示意图如图 5 – 3 所示,绕其 X_F 和 Y_F 轴转动的角度范围均为[–90°, 90°]。

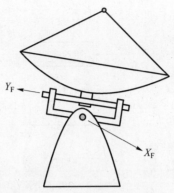

图 5 – 3　中继终端天线示意图

根据上述关系式,可对用户航天器与中继卫星之间的可见性进行判断。首先,空间观测几何关系需满足

$$\cos\alpha < 0 \text{ 或 } h \geqslant h_{min} \tag{5 – 34}$$

式中:h_{min} 为最小略地高度。

此外,中继终端天线转角范围需满足

$$-90° \leqslant A_A \leqslant 90° \text{ 且 } -90° \leqslant E_A \leqslant 90° \tag{5 – 35}$$

若式(5 – 34)和式(5 – 35)能够同时得到满足,则用户航天器与中继卫星之间可见。

5.3　远距离导引控制优化模型

5.3.1　控制目标和基本模型

1. 控制目标

远距离导引段是飞船从船箭分离至转入自主导引的飞行过程,飞船在该阶段的轨道控制一般采用地面控制方式,控制过程包括地面测定轨、控制策略规划、控制指令生成和控制指令注入等环节。根据任务需要,在远距离导引段结束时,追踪航天器一般处于目标航天器后下方约几十公里处。在地面测控网的导引下,追踪航天器经过若干次变轨机动,从初始轨道调整到与目标航天器轨道面共面且其高度略低于目标航天器轨道的圆轨道上。由于追踪航天器的轨道略低于目标航天器的轨道,所以追踪航天器为追赶飞行状态。

在远距离导引段,追踪航天器的轨道控制由地面完成,但其姿态控制采用的是自主控制模式,即通过自身携带的姿态敏感器完成姿态参数测量和控制。远距离导引段控制系统的结构如图5-4所示。

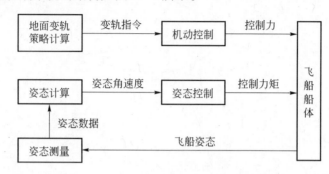

图 5 - 4　远距离导引段控制系统结构

2. 约束条件

在制定远距离导引控制策略时,为保证仿真模型精度,轨道动力学模型需考虑地球非球形摄动和大气阻力摄动等因素。目标航天器采用三轴稳定对地定向飞行模式,不做轨道机动;追踪航天器通常也采用三轴稳定对地定向飞行模式,在变轨机动过程中可根据需要进行姿态调整。在上述轨道、姿态动力学与控制模型基础上,还需综合考虑测控覆盖、初始轨道参数、终端条件、飞行时间等约束条件,寻找最优控制策略参数。

1）测控要求

在轨道机动过程中,追踪航天器应处于地面或天基测控网覆盖范围,以支持跟踪测轨、遥测遥控和通信;在关键变轨点要满足同时对目标航天器和追踪航天器测轨、轨道参数注入和轨道机动监视的要求。

2）初始轨道参数要求

追踪航天器发射窗口和初始轨道应满足调相变轨的初始条件要求,一般包括:①目标航天器运行轨道和追踪航天器初始轨道均为近地近圆轨道,且轨道高度和偏心率满足一定要求;②追踪航天器相对目标航天器的初始相位角(追踪航天器相对于目标航天器初始滞后的纬度幅角)和轨道非共面偏差应在允许范围内。

3）远距离导引终端条件要求

远距离导引终端条件也即自主控制段的起始点轨道要求,通常要求进入稍低于目标航天器轨道十多千米到几十千米的共面圆轨道。根据不同船载测量设备要求,远距离导引终端条件可分为瞄准点和进入对接走廊两种。

4）交会时间要求

对于近地载人交会对接而言,由于交会对接轨道通常是回归轨道,因此要求调相阶段应在一个回归轨道周期内完成。此外,乘员作息时间也是安排远距离导引段变轨策略的一个重要约束,如应尽量将变轨点安排在乘员非休息时间段内等。

3. 基本模型

远距离导引段的变轨目的一方面是利用低轨道运动速度快的轨道特性,减少两航天器之间的相位角差,另一方面也要消除追踪航天器入轨时的轨道倾角偏差和升交点赤经偏差。远距离导引结束时追踪航天器进入自主控制段的起始瞄准点(或进入对接走廊),通常要求追踪航天器进入一个圆轨道,在目标航天器的后下方几十千米处。

1）轨道面内调相机动

根据开普勒第三定律,平面内调整相位角的基本原理:航天器轨道周期 T 的平方与其半长轴 a 的三次方成正比,即

$$\frac{a^3}{T^2} = \frac{\mu}{4\pi^2} \tag{5-36}$$

式中:μ 为地球引力常数。半长轴较小的轨道,轨道周期较短,其角速度较大。在 Δt 时间内,可以调整的追踪航天器相对目标航天器的相位角为

$$\Delta u = (\omega_c - \omega_t)\Delta t \tag{5-37}$$

式中:$\omega_c = \sqrt{\mu/a_c^3}$ 为追踪航天器平均角速度;$\omega_t = \sqrt{\mu/a_t^3}$ 为目标航天器平均角速度。

假设需要在 Δt 时间内调整相位角 Δu,可以通过选择若干个不同半长轴的中间轨道,达到调整相位角的目的,即

$$\Delta u = \sum_i \Delta u_i = \sum_i (\omega_{ci} - \omega_t)\Delta t_i \tag{5-38}$$

$$\Delta t = \sum_i \Delta t_i \tag{5-39}$$

式中:Δu 为需要调整的总的相位角;Δu_i 为第 i 段中间轨道调整的相位角;ω_{c_i} 为第 i 个中间轨道平均角速度;Δt_i 为第 i 段中间轨道消耗的时间。

调整半长轴的轨道机动通常在近地点或远地点实施。在近地点沿速度方向施加推力,如图 5-5 所示,可以增加半长轴并抬升远地点高度,变轨速度增量为

$$\Delta v_p = \sqrt{\mu}\left(\sqrt{\frac{2}{r_p} - \frac{1}{a_2}} - \sqrt{\frac{2}{r_p} - \frac{1}{a_1}}\right) \tag{5-40}$$

在远地点沿速度方向施加推力,如图 5 - 6 所示,可抬升近地点高度,变轨速度增量为

$$\Delta v_a = \sqrt{\mu}\left(\sqrt{\frac{2}{r_a} - \frac{1}{a_2}} - \sqrt{\frac{2}{r_a} - \frac{1}{a_1}}\right) \tag{5 - 41}$$

式中:a_1,a_2 分别为变轨前、变轨后的轨道半长轴;r_p,r_a 分别为轨道近地点、远地点地心距。

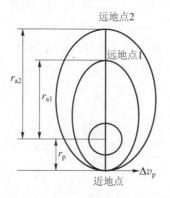

图 5 - 5　提升远地点的机动

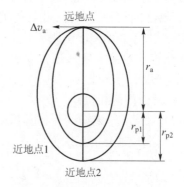

图 5 - 6　提升近地点的机动

2)轨道面外修正机动

追踪航天器入轨后其轨道平面与目标航天器轨道平面不可避免地存在偏差,包括轨道倾角偏差 Δi 与升交点赤经偏差 $\Delta \Omega$,通过在轨道法向进行机动,可以修正轨道平面外的偏差,如图 5 - 7 所示。

$$\begin{cases} \Delta i = \dfrac{r\cos(u)}{\omega a^2}\Delta v_\perp \\[2mm] \Delta \Omega = \dfrac{r\sin(u)}{\omega a^2}\Delta v_\perp \end{cases} \tag{5 - 42}$$

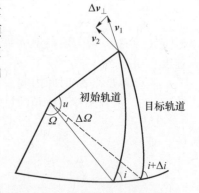

图 5 - 7　轨道平面修正

式中:a 为半长轴;ω 为轨道角速度;u 为变轨点纬度幅角;r 为变轨点地心距;$\Delta v_\perp$ 为轨道面外机动控制速度增量。

5.3.2　特征点变轨策略

特征点变轨的轨道机动位置一般选择在远地点、近地点和升交点等轨道特征点,美国航天飞机的远距离导引段采用了特征点变轨。

1. 控制模型

1）变轨方案

特征点变轨的实质是利用轨道动力学特性,将轨道面内外的调整分开,以减小轨道控制的相互耦合性,便于轨控参数的计算。根据 Gauss 型摄动运动方程,轨道机动具有如下特性:

在远地点或近地点施加迹向冲量,不改变轨道平面及近拱点角距,将同时改变半长轴和偏心率。基于开普勒第三定律,半长轴较小(大)的轨道,轨道周期较短(长),其角速度较大(小),调整追踪航天器半长轴可以达到调整其相对目标航天器相位角的目的。

在升交点或降交点施加法向冲量,可以调整轨道倾角而对升交点赤经影响很小;当纬度幅角 $u = \dfrac{\pi}{2}$ 或 $\dfrac{3\pi}{2}$ 时施加法向冲量可以调整升交点赤经而对轨道倾角影响很小;当 $u = \arctan\left(\sin i \dfrac{\Delta\Omega}{\Delta i}\right)$ 时,一个法向冲量可以同时调整轨道倾角和升交点赤经。

远距离导引特征点变轨过程如图 5 - 8 所示。

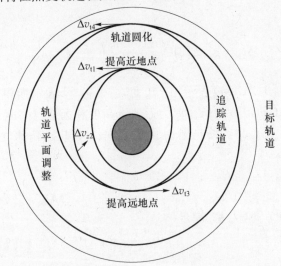

图 5 - 8 远距离导引四脉冲方案特征点变轨过程

第 N_1 圈远地点施加迹向冲量 Δv_{t1},调整近地点高度;第 N_2 圈纬度幅角 u_2 处施加法向冲量 Δv_{z2},同时调整轨道倾角和升交点赤经;第 N_3 圈近地点施加迹向冲量 Δv_{t3},调整远地点高度;第 N_4 圈远地点施加迹向冲量 Δv_{t4},调整偏心率,进行轨道圆化。

其中，Δv_{t1}、Δv_{t3}、Δv_{t4} 为面内轨控参数，u_2、Δv_{z2} 为面外轨控参数。

二体条件下，基于 Gauss 型摄动运动方程，根据变轨前轨道参数与轨道参数调整量或期望变轨后轨道参数，各次冲量有如下解析计算公式：

第 1 次变轨：

$$\Delta v_{t1} = g_1(E_1, h'_{p_1}) = \frac{n_1}{4}\sqrt{\frac{1+e_1}{1-e_1}}(h'_{p_1} - h_{p_1}) \tag{5-43}$$

第 2 次变轨：

$$u_2 = g_2^1(E_2, \Delta i, \Delta \Omega) = \arctan\left(\frac{\Delta \Omega \sin i_2}{\Delta i}\right) \tag{5-44}$$

$$\Delta v_{z2} = g_2^2(E_2, \Delta i, \Delta \Omega) = \frac{n_2 a_2^2}{r_2 \cos u_2}\sqrt{1-e_2^2} \tag{5-45}$$

第 3 次变轨：

$$\Delta v_{t3} = g_3(E_3, h'_a) = \frac{n_3}{4}\sqrt{\frac{1-e_3}{1+e_3}}(h'_a - h_{a_3}) \tag{5-46}$$

第 4 次变轨：

$$\Delta v_{t4} = g_4(E_4, e') = -\frac{n_4 a_4}{2\sqrt{1-e_4^2}}(e' - e_4) \tag{5-47}$$

式中：下标 "j"（$j = 1,2,3,4$）表示第 j 次变轨；上标 "$'$" 表示期望变轨后参数；E_j 为第 j 次变轨前的轨道参数；h_p, h_a 为近地点高度和远地点高度；$\Delta i, \Delta \Omega$ 为轨道倾角修正量和升交点赤经修正量；e 为偏心率；n 为轨道角速度；r 为航天器地心距。

2）规划模型

将设计变量选择为 $(\Delta v_{t1}, u_2, \Delta v_{z2}, \Delta h_{aim}^*, e_{aim}^*)^T$。$\Delta h_{aim}^*$、$e_{aim}^*$ 分别为终端虚拟瞄准相对轨道高度和偏心率，满足

$$\Delta v_{t3} = g_3(E_3, h_{tar}(t_f) + \Delta h_{aim}^*) \tag{5-48}$$

$$\Delta v_{t4} = g_4(E_4, e_{aim}^*) \tag{5-49}$$

式中：$h_{tar}(t_f)$ 为终端目标航天器轨道高度。

特征点变轨的终端条件按照进入走廊形式给出，要求追踪航天器在预定的时间进入与目标航天器共面的近圆轨道，相对目标航天器的相位差及相对高度一定，表述如下：

圆轨道约束：

$$f_1 = e_{\text{cha}}(t_{\text{f}}) = 0 \qquad\qquad (5-50)$$

共面约束：

$$f_2 = i_{\text{tar}}(t_{\text{f}}) - i_{\text{cha}}(t_{\text{f}}) = 0 \qquad\qquad (5-51)$$

$$f_3 = \Omega_{\text{tar}}(t_{\text{f}}) - \Omega_{\text{cha}}(t_{\text{f}}) = 0 \qquad\qquad (5-52)$$

相位约束：

$$f_4 = u_{\text{tar}}(t_{\text{f}}) - u_{\text{cha}}(t_{\text{f}}) + \Delta u_{\text{aim}} = 0 \qquad\qquad (5-53)$$

相对高度约束：

$$f_5 = h_{\text{tar}}(t_{\text{f}}) - h_{\text{cha}}(t_{\text{f}}) + \Delta h_{\text{aim}} = 0 \qquad\qquad (5-54)$$

相位约束可转换为面内相对距离约束：

$$f_4 = \Delta d(t_{\text{f}}) - \Delta d_{\text{aim}} = 0 \qquad\qquad (5-55)$$

对于近圆轨道交会对接，航天器轨道只需要半长轴（轨道高度）、偏心率、轨道倾角、升交点赤经、纬度幅角 5 个条件即可确定，设计变量为 5 个，等式约束也为 5 个。

3）求解策略

二体条件下，u_2、Δv_{z2}、Δv_{t3} 及 Δv_{t4} 可由式（5-43）~式（5-47）根据终端条件及变轨点轨道参数直接计算；而 Δv_{t1} 可以 $h'_{\text{p}1}$ 为变量，以式（5-55）为约束条件迭代求解。考虑轨道摄动时，各轨控参数是耦合的，必须对二体的计算方法进行修正，以获得摄动条件下满足终端条件的轨控参数。由于问题的复杂性及终端条件对变量的敏感性差异较大，直接对 5 个设计变量进行迭代求解，迭代过程难以收敛。摄动条件下，相位约束仍然主要受 Δv_{t1}（或 $h'_{\text{p}1}$）影响，共面约束主要受 u_2 及 Δv_{z2} 影响，相对高度约束及圆轨道约束主要受 Δv_{t3} 及 Δv_{t4} 影响，根据这个性质将设计变量分组进行迭代，设计了如图 5-9 的计算流程，轨道计算均采用摄动轨道积分。求解算法包括两个步骤，即粗求解器和细求解器。

（1）粗求解器。

第 1 步，根据初值 Δv_{t10}、u_{20}、Δv_{z20} 及瞄准量 $e_{\text{aim}} = 0$、Δh_{aim}，以 Δv_{t1} 为变量进行迭代，满足终端面内相对距离要求，实质是求解非线性方程：$\Delta d_{\text{aim}} = \Delta d_{\text{f}}(\Delta v_{t1})$。$\Delta v_{t3}$、$\Delta v_{t4}$ 由式（5-48）与式（5-49）计算，其中 $\Delta h_{\text{aim}}^* = \Delta h_{\text{aim}}$，$e_{\text{aim}}^* = e_{\text{aim}}$。

第 2 步，根据第 1 步计算的 Δv_{t1}^{c}，以 u_2、Δv_{z2} 为变量进行迭代，满足终端共面要求，实质是求解一个二维非线性方程组：$\begin{cases} i_{\text{aim}} = i_{\text{f}}(u_2, \Delta v_{z2}) \\ \Omega_{\text{aim}} = \Omega_{\text{f}}(u_2, \Delta v_{z2}) \end{cases}$。

（2）细求解器。

第1步，根据粗求解器计算的 Δv_{t1}^c、u_2^c、Δv_{z2}^c，以 Δh_{aim}^*、e_{aim}^* 为变量进行迭代，以满足终端圆轨道及相对轨道高度要求，实质是求解一个二维非线性方程组：
$$\begin{cases} \Delta h_{aim} = \Delta h_f(\Delta h_{aim}^*, e_{aim}^*) \\ e_{aim} = e_f(\Delta h_{aim}^*, e_{aim}^*) \end{cases}$$
迭代内部每一步以 Δv_{t1} 为变量，以终端面内相对距离为约束进行内层迭代，Δv_{t3}、Δv_{t4} 由式（5-48）、式（5-49）计算，u_2^c、Δv_{z2}^c 保持不变。

第2步，再次求解二维非线性方程组：$\begin{cases} i_{aim} = i_f(u_2, \Delta v_{z2}) \\ \Omega_{aim} = \Omega_f(u_2, \Delta v_{z2}) \end{cases}$，$\Delta v_{t1}$、$\Delta v_{t3}$、$\Delta v_{t4}$ 由上一步提供。判断是否满足终端条件，若满足，则退出迭代，输出 Δv_{t1}、u_2、Δv_{z2}、Δv_{t3}、Δv_{t4}；若不满足，则将 u_2、Δv_{z2} 代入上一步继续迭代。

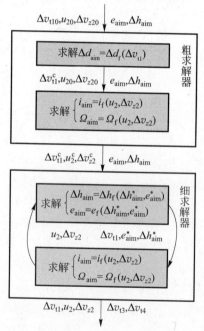

图5-9　特征点变轨迭代求解流程

上述迭代过程将面内外轨控参数分开计算，采用工程实际中常用的牛顿迭代法求解。迭代中直接求解的非线性方程组不超过二维，降低了直接求解非线性方程组的难度。大量计算表明上述迭代过程在初始轨道面偏差较小（如小于2°）时是收敛的。当初始轨道具有较大轨道面偏差时，轨道面调整冲量较大，将对轨道半长轴产生较大影响，进而影响相位关系，此时上述迭代过程将很难收敛。实际交会任务要求追踪航天器入轨时尽量与目标航天器共面,以减少轨道面调整的推进剂消耗,追踪航天器的初始轨道面偏差一般在 2°以内,因此上面提出的求解算法对实际交会任务是可行的。

2. 算例

以近地交会对接两天远距离导引为例计算变轨序列,设追踪航天器入轨时刻为 2010 年 3 月 21 日 14 时 30 分(UTCG),入轨时刻追踪航天器轨道根数为: $a_{ch} = 6628.137\mathrm{km}$, $e_{ch} = 0.007543598$, $i_{ch} = 42°$, $\Omega_{ch} = 0$, $\omega_{ch} = 124°$, $f_{ch} = 0$;目标航天器轨道根数为: $a_{tg} = 6713.963\mathrm{km}$, $e_{tg} = 0$, $i_{tg} = 42°$, $\Omega_{tg} = 0$, $\omega_{tg} = 0$, $f_{tg} = 244°$ 。轨道计算考虑地球非球形和大气阻力摄动,采用 JGM3 引力场模型、NRLMSISE00 大气模型,大气阻尼系数 $C_d = 2.2$, $F_{10.7}$ 通量为 150,地磁指数 $A_p = 15$,追踪航天器和目标航天器面质比均为 $0.005\mathrm{m}^2/\mathrm{kg}$,追踪航天器发动机真空比冲为 2800N·s/kg。

两个航天器初始相位差为 120°,要求在 $t_f = 140000\mathrm{s}$ 时追踪航天器完成调相,进入比目标航天器轨道低 30km 的圆轨道,终端相对距离 $r_f = 100\mathrm{km}$,两个航天器满足共面约束。通过在第 6 圈提高近地点,第 14 圈综合修正升交点赤经和轨道倾角,第 17 圈提高远地点高度,第 22 圈进行轨道圆化。采用本节计算方法得到变轨机动序列如表 5 – 1 所列。

表 5 – 1　远距离导引段变轨计算结果

机动时间/s	圈数	速度增量/(m/s)	推进剂消耗/kg	近地点高度/远地点高度/km	备注
29577.2	6	20.7926	59.1874	276.1/295.4	提高近地点
69478.8	14	22.7437	64.2399	269.8/294.0	修正轨道面
86148.4	17	2.27586	6.39954	270.5/305.2	提高远地点
116080.0	22	6.86124	19.2618	302.0/302.0	轨道圆化

根据上述变轨序列,对远距离导引轨道控制过程进行仿真。追踪航天器的轨道长半轴、相位角随时间变化情况如图 5 – 10、图 5 – 11 所示,轨道面内轨迹和轨道面外轨迹分别如图 5 – 12、图 5 – 13 所示。

由图 5 – 10 可知,对应追踪航天器 3 次提升轨道高度的切向机动,半长轴有 3 次增加。由图 5 – 11 ~ 图 5 – 13 可知,追踪航天器在调相过程中逐渐接近目标航天器,相位角和相对距离逐渐减小,轨道面外偏差逐渐消除,最终满足共面要求。

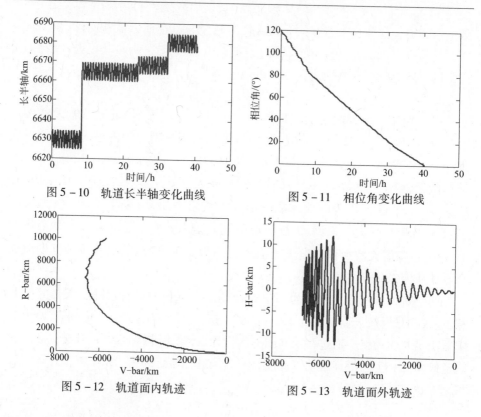

图 5 - 10　轨道长半轴变化曲线

图 5 - 11　相位角变化曲线

图 5 - 12　轨道面内轨迹

图 5 - 13　轨道面外轨迹

5.3.3　综合变轨策略

综合变轨,又称组合变轨(Combined Maneuvers),变轨点不局限于特征点,每次变轨冲量同时含有轨道面内外分量,俄罗斯"联盟"/"进步"飞船远距离导引段通常采用综合变轨。

1. 近圆偏差方程

在远距离导引段,两航天器之间的距离相对轨道半径不再是小量,C - W 方程的线性化条件不能成立。这里给出适用于远距离导引段的相对运动分析模型:近圆偏差线性方程。定义航天器极坐标系为:原点位于地心,r 为航天器地心矢量在基准轨道平面内的投影,u 为投影的纬度幅角,z 为地心矢量在基准轨道法向的投影。航天器在极坐标系 $O_E - ruz$ 中的动力学方程为

$$\begin{cases} \ddot{r} = -\dfrac{\mu}{r^2} + r\dot{u}^2 + a_r \\ r\ddot{u} = -2\dot{r}\dot{u} + a_t \\ \ddot{z} = -\dfrac{\mu}{r^3}z + a_z \end{cases} \quad (5-56)$$

138

式中:μ 为地球引力常数;a_r,a_t,a_z 分别为径向、切向和法向加速度。

分别建立目标航天器轨道和追踪航天器在极坐标系中的动力学方程,将两个方程做差并保留一阶小量,得

$$\begin{cases} \Delta\dot{r} = \Delta v_r \\[2mm] \Delta\dot{u} = -\omega_0\dfrac{\Delta r}{r_0} + \omega_0\dfrac{\Delta v_t}{v_0} \\[2mm] \Delta\dot{z} = \Delta v_z \\[2mm] \Delta\dot{v}_r = \omega_0^2\Delta r + 2\omega_0\Delta v_t + \Delta a_r \\[2mm] \Delta\dot{v}_t = -\omega_0\Delta v_r + \Delta a_t \\[2mm] \Delta\dot{v}_z = -\omega_0^2\Delta z + \Delta a_z \end{cases} \tag{5-57}$$

式中:r_0,v_0,ω_0 分别为目标航天器轨道半径、速度及角速度,$\Delta r,\Delta u,\Delta z,\Delta v_r,\Delta v_t,$ Δv_z 分别为航天器相对于参考轨道的径向位置差、纬度幅角差、法向位置差、径向速度差、迹向速度差和法向速度差;$\Delta a_r,\Delta a_t,\Delta a_z$ 分别为径向、迹向和法向加速度差。

此方程即为近圆偏差线性方程,由于该方程在极坐标系下建立,对两航天器角距离较大的远距离导引段仍然适用。

2. 控制模型

由近圆偏差线性方程,不考虑其他摄动力,当 $t_1,\cdots,t_n$ 时刻对应的控制脉冲为 $\Delta v_1,\cdots,\Delta v_i$ 时,远距离导引终端时刻 t_f 的状态变量可表示为

$$X(t_f) = \boldsymbol{\Phi}(t_f,t_0)X(t_0) + \sum_{i=1}^{n}\boldsymbol{\Phi}_v(t_f,t_i)\Delta v_i \tag{5-58}$$

式中

$$X(t) = (\Delta r, r_0\Delta u, \Delta z, \Delta v_r, \Delta v_t, \Delta v_z)^{\mathrm{T}}$$

$$\boldsymbol{\Phi}(t_f,t_0) = \begin{bmatrix} 2-\cos\Delta u_0 & 0 & 0 & \dfrac{\sin\Delta u_0}{\omega_0} & -\dfrac{2(\cos\Delta u_0-1)}{\omega_0} & 0 \\[3mm] 2\sin\Delta u_0-3\Delta u_0 & 1 & 0 & \dfrac{2(\cos\Delta u_0-1)}{\omega_0} & \dfrac{4\sin\Delta u_0-3\Delta u_0}{\omega_0} & 0 \\[3mm] 0 & 0 & \cos\Delta u_0 & 0 & 0 & \dfrac{\sin\Delta u_0}{\omega_0} \\[3mm] \omega_0\sin\Delta u_0 & 0 & 0 & \cos\Delta u_0 & 2\sin\Delta u_0 & 0 \\[3mm] \omega_0(\cos\Delta u_0-1) & 0 & 0 & -\sin\Delta u_0 & -1+2\cos\Delta u_0 & 0 \\[3mm] 0 & 0 & -\omega_0\sin\Delta u_0 & 0 & 0 & \cos\Delta u_0 \end{bmatrix}$$

$$\boldsymbol{\Phi}_{\mathrm{v}}(t_{\mathrm{f}},t_{\mathrm{i}}) = \begin{bmatrix} \dfrac{\sin\Delta u_{\mathrm{i}}}{\omega_0} & -\dfrac{2(\cos\Delta u_{\mathrm{i}}-1)}{\omega_0} & 0 \\[2mm] \dfrac{2(\cos\Delta u_{\mathrm{i}}-1)}{\omega_0} & \dfrac{4\sin\Delta u_{\mathrm{i}}-3\Delta u_{\mathrm{i}}}{\omega_0} & 0 \\[2mm] 0 & 0 & \dfrac{\sin\Delta u_{\mathrm{i}}}{\omega_0} \\[2mm] \cos\Delta u_{\mathrm{i}} & 2\sin\Delta u_{\mathrm{i}} & 0 \\[2mm] -\sin\Delta u_{\mathrm{i}} & -1+2\cos\Delta u_{\mathrm{i}} & 0 \\[2mm] 0 & 0 & \cos\Delta u_{\mathrm{i}} \end{bmatrix}$$

$$\Delta u_0 = \omega_0(t_{\mathrm{f}}-t_0) = u_{t_{\mathrm{f}}} - u_{t_0}, \Delta u_{\mathrm{i}} = \omega_0(t_{\mathrm{f}}-t_{\mathrm{i}}) = u_{t_{\mathrm{f}}} - u_{t_{\mathrm{i}}} \circ$$

令:$\Delta \boldsymbol{X} = \boldsymbol{X}(t_{\mathrm{f}}) - \boldsymbol{\Phi}(t_{\mathrm{f}},t_0)\boldsymbol{X}(t_0)$

$$\Delta \boldsymbol{V} = \left[(\Delta v_1)^{\mathrm{T}} (\Delta v_2)^{\mathrm{T}} \cdots (\Delta v_n)^{\mathrm{T}} \right]^{\mathrm{T}}$$

$$\boldsymbol{F} = \left[\boldsymbol{\Phi}_{\mathrm{v}}(t_{\mathrm{f}},t_1) \boldsymbol{\Phi}_{\mathrm{v}}(t_{\mathrm{f}},t_2) \cdots \boldsymbol{\Phi}_{\mathrm{v}}(t_{\mathrm{f}},t_n) \right]$$

则

$$\Delta \boldsymbol{X} = \boldsymbol{F}\Delta \boldsymbol{V} \tag{5-59}$$

若 $\mathrm{rank}([\boldsymbol{F},\Delta \boldsymbol{X}]) = \mathrm{rank}(\boldsymbol{F})$，则式(5-59)有解，否则式(5-59)无解。

当 $n=2$ 时，即双脉冲变轨，该方程组有唯一解

$$\Delta \boldsymbol{V} = \boldsymbol{F}^{-1}\Delta \boldsymbol{X} \tag{5-60}$$

当 $n>2$ 时，通常方程组的解不唯一，其通解为

$$\Delta \boldsymbol{V} = \boldsymbol{F}^{-}\Delta \boldsymbol{X} + (\boldsymbol{I}-\boldsymbol{F}^{-}\boldsymbol{F})\boldsymbol{\xi} \tag{5-61}$$

式中:$\boldsymbol{F}^{-}$ 为 $\boldsymbol{F}$ 的任意广义逆矩阵;$\boldsymbol{\xi}$ 为 $3n\times1$ 任意列向量。$\Delta \boldsymbol{V}$ 是在参考轨道中描述的,其真正意义应当是参考轨道上运行的航天器在 $\Delta \boldsymbol{V}$ 的作用下,终端有 $\Delta \boldsymbol{X}$ 的偏差。用 $\Delta \boldsymbol{V}$ 修正追踪航天器轨道,其实是一种近似,这种近似对终端状态的影响可以通过迭代来消除。

3. 算例

设追踪航天器入轨时刻为 2010 年 3 月 21 日 14 时 30 分(UTCG),追踪航天器入轨时刻的轨道根数为:$a_{\mathrm{ch}} = 6638.14\mathrm{km}$,$e_{\mathrm{ch}} = 0.009039$,$i_{\mathrm{ch}} = 42.2°$,$\Omega_{\mathrm{ch}} = 169.686$,$\omega_{\mathrm{ch}} = 120°$,$f_{\mathrm{ch}} = 1°$;目标航天器在该时刻的轨道根数为:$a_{\mathrm{tg}} = 6720.14\mathrm{km}$,$e_{\mathrm{tg}} = 0.00001$,$i_{\mathrm{tg}} = 42°$,$\Omega_{\mathrm{tg}} = 169.286°$,$\omega_{\mathrm{tg}} = 0°$,$f_{\mathrm{tg}} = 245°$,远距离导引终端目标航天器轨道坐标系中期望的追踪航天器相对状态为

$$\begin{bmatrix} -29.3\text{km} & -81.7\text{km} & 0\text{km} & 0\text{m/s} & 50.8\text{m/s} & 0\text{m/s} \end{bmatrix}^{\mathrm{T}}$$

综合变轨的变轨次数为 4,轨道积分时间步长为 60s,变轨圈数分别为 $N_1 = 6$、$N_2 = 14$、$N_3 = 17$ 和 $N_4 = 22$。变轨点纬度幅角与冲量分量的寻优范围如表 5-2 所列。混合求解策略获得的总速度增量为 61.283m/s,推进剂消耗约为 161.765kg。表 5-3 所示为获得的追踪航天器远距离导引变轨序列。

表 5-2　优化变量寻优范围

优化变量	φ_1	φ_2	φ_3	φ_4	$\Delta v_{ri}, \Delta v_{ti}, \Delta v_{zi}$
寻优范围	$[290°, 320°]$	$[290°, 360°]$	$[40°, 130°]$	$[290°, 360°]$	$[-160\text{m/s}, 160\text{m/s}]$

表 5-3　综合变轨规划结果

任务序列	变轨时刻(UTCG)	冲量矢量(m/s)轨道坐标系下
第 1 次变轨	2010 年 6 月 1 日 08:11:37.40	$(-0.47337, 8.60885, 0.53851)$
第 2 次变轨	2010 年 6 月 1 日 20:22:20.00	$(2.71339, 9.38334, -15.10328)$
第 3 次变轨	2010 年 6 月 1 日 23:39:06.10	$(4.02154, 1.40165, -19.95907)$
第 4 次变轨	2010 年 6 月 2 日 08:10:35.90	$(-0.96824, 13.88362, 3.06102)$

图 5-14 ~ 图 5-19 分别所示为追踪航天器相对目标航天器的面内轨迹、相位角、相对距离、相对速度、追踪航天器半长轴及追踪航天器偏心率变化过程。可见,远距离导引综合变轨控制过程,轨道面内横向和径向相对位置逐渐收敛,相位角和相对距离不断减小,相对速度、半长轴、偏心率在轨道控制前后会有明显的变化。

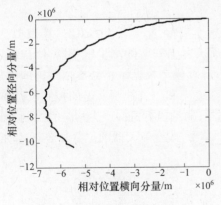

图 5-14　面内相对运动轨迹

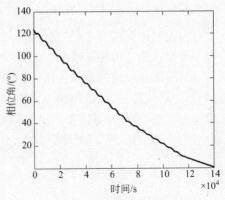

图 5-15　相位角变化过程

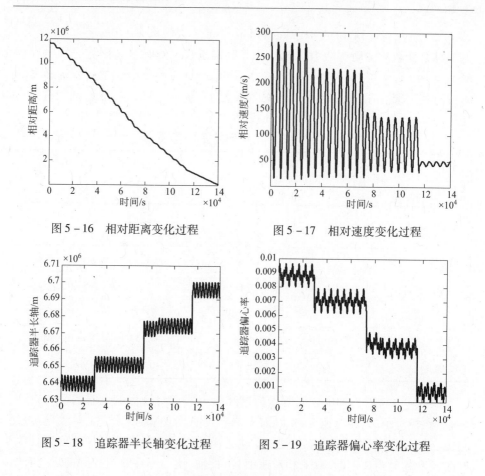

图 5－16　相对距离变化过程　　　　图 5－17　相对速度变化过程

图 5－18　追踪器半长轴变化过程　　　图 5－19　追踪器偏心率变化过程

5.4　自主控制仿真模型

　　自主控制仿真模型主要包括测量敏感器模型、航天器上 GNC 计算模型、执行机构模型。测量敏感器模型用于模拟航天器上安装的测量敏感器,给出基于真实测量敏感器精度的测量输出值;GNC 计算模型根据敏感器模型给出的测量值和 GNC 软件算法,计算给出航天器完成姿态和位置控制所需的控制量;执行机构模型根据 GNC 计算模型给出的控制量,驱动执行机构产生相应的控制力和(或)控制力矩,作用于轨道及姿态动力学模型,改变航天器的位置和姿态运动。

5.4.1　测量敏感器模型

　　航天器利用测量敏感器的输出进行姿态确定、轨道确定、相对导航,为了进行系统设计、数学仿真或半物理仿真,需要建立测量敏感器的数学模型。测量敏感器模型以轨道和姿态动力学模型的输出为输入,为航天器上 GNC 计算模块提供控制所需的测量输入信息。执行交会对接任务的追踪航天器不仅需配置陀螺、加速度计、地球敏感器、太阳敏感器、星敏感器等绝对测量敏感器,还需配置测距雷达、光学成像敏感器等相对测量敏感器,用以执行对目标航天器的跟踪接近、交会和对接等任务。

1. 绝对测量敏感器模型

1)惯性敏感器模型

交会对接任务用到的惯性敏感器主要有陀螺和加速度计。

陀螺是航天器姿态控制系统常用的惯性敏感器,陀螺可测量出航天器相对于惯性空间的姿态角和姿态角速度,可为航天器建立精确的短期惯性基准。

陀螺的测量误差对航天器姿态测量精度影响较大,主要误差因素是常值漂移、随机漂移、刻度因子误差、安装误差等,其中常值漂移作为陀螺性能的重要指标,表示单位时间内陀螺基准轴的角度变化。陀螺漂移是不可避免的,它对姿态确定产生的误差随时间的增大而增大。因此,陀螺不宜长时间单独使用,但短期内具有相当高的精度。

陀螺的输出是通过测量框架绕输出轴的旋转角求得,公式如下:

$$\theta = \frac{\omega_1 L}{K} \tag{5-62}$$

式中:θ 为绕输出轴的转角;ω_1 为航天器绕输入轴的角速度;L 为转子的角动量;K 为陀螺闭路系统的反馈系数。

陀螺的输出根据与航天器角速度成正比的力矩电流求得,力矩电流产生的电压经变换可得到角度的数字量信息,单位时间的脉冲数代表角速度,净脉冲数代表变化的角度。

不考虑陀螺安装误差,陀螺的输出角速度 ω_{out} 可写为

$$\omega_{\text{out}} = \omega_{\text{real}} + D + E$$

式中:ω_{real} 为陀螺轴上的真实角速度;D 为常值漂移;E 为陀螺噪声引起的随机漂移。

因此,实际飞行中需利用其他敏感器估计陀螺常值漂移,对陀螺进行标定和补偿。

加速度计测量运动物体沿一定方向的非引力产生的加速度,用于交会对接的加速度计需要高灵敏度,测量范围一般为 $10^{-5} \sim 10^{-1} \, \text{m/s}^2$。加速度计的计算模型与陀螺的计算模型类似,这里不再赘述。

2)红外地球敏感器模型

红外地球敏感器是通过感受地球大气与宇宙空间之间红外辐射的差别,测

量航天器相对于当地地平方位的一种光学姿态敏感器,也称为红外地平仪。常用的红外地球敏感器主要有热辐射平衡式和地平穿越式,下面简单介绍测量范围较大,使用较多的地平穿越式红外地球敏感器。

圆锥扫描式红外地球敏感器是一种地平穿越式红外地球敏感器,它自身带有扫描机构。一个红外地球敏感器只能测出一个地心角,所以测量俯仰和滚动两个姿态角一般需要在航天器上安装两个扫描转轴方向不同的圆锥扫描式红外地球敏感器。红外地球敏感器不能提供航天器绕当地垂线转动的信息,故不能用于测量偏航姿态。圆锥扫描式地球敏感器的工作原理如图 5 - 20 所示。敏感器瞬时视线与扫描轴保持一定的圆锥半顶角 γ。当敏感器瞬时视线从空间扫向地球表面时,得到扫入脉冲;当瞬时视线离开地球表面扫向空间时,得到扫出脉冲。瞬时脉冲经过安装轴与偏航轴正向构成的象限基准面时产生基准脉冲信号,扫入脉冲至基准脉冲之间的角宽度称为地入角 H_S,扫入脉冲至扫出脉冲之间的角宽度记为弦宽 H_D,则航天器沿安装轴的姿态偏差 β_H 与其测量值的关系为

$$\begin{cases} \beta_0 = 360 \dfrac{t_s - t_0}{T} \\[2mm] H_S = 360 \dfrac{t_s - t_i}{T} = \beta_i \\[2mm] H_D = 360 \dfrac{t_0 - t_i}{T} = -\beta_0 + \beta_i \\[2mm] \beta_H = 0.5 H_D - H_S = -0.5(\beta_0 + \beta_i) \end{cases} \qquad (5-63)$$

式中:T 为扫描周期;t_s 为基准信号脉冲时刻;t_i 为扫入脉冲时刻;t_0 为扫出脉冲时刻;β_i,β_0 分别为扫入点、扫出点到基准点的角度。

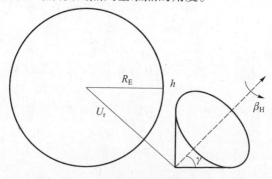

图 5 - 20　圆锥扫描式地球敏感器工作原理

圆锥扫描式地球敏感器的数学模型如图 5 - 21 所示。

滚动红外地球敏感器利用扫入地球时前沿脉冲和基准脉冲之间的时间间隔

144

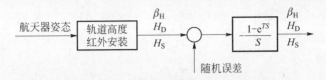

图 5 - 21　圆锥扫描式地球敏感器的数学模型

得到滚动角,在小姿态角情况下还可由弦宽信息以及轨道计算得到的地心距计算出俯仰姿态。同理,利用俯仰红外地球敏感器也可同时获得俯仰角和滚动角。在工程应用中,这两个红外地球敏感器可以互为备份,提高姿态测量系统的可靠性。

3) 太阳敏感器模型

太阳敏感器是通过敏感太阳光辐射获得卫星相对于太阳方位的一种可见光姿态敏感器。太阳敏感器有 0 - 1 式太阳敏感器、模拟式太阳敏感器、数字式太阳敏感器 3 种基本类型。太阳敏感器使用广泛,几乎每个航天器都采用一种或几种太阳敏感器。太阳敏感器不但可用于航天器的姿态测量,还可用于太阳帆板的定向控制以及红外地球敏感器和星敏感器的太阳保护。

0 - 1 式太阳敏感器当太阳出现在其视场内时,敏感器产生一个阶跃响应,输出为"1",当太阳在敏感器视场以外时,输出为"0"。

模拟式太阳敏感器输出与太阳光入射角的三角函数成正比的连续电流信号,模拟式太阳敏感器原理如图 5 - 22 所示。当太阳光线 S 相对测量轴有一个角偏差 α 时,上下两块光电池 A 和 B 产生大小不相等的电流 i_A 和 i_B,于是得到模拟式太阳敏感器的输出为

$$\alpha = \arctan(k(i_A - i_B)/(i_A + i_B)) \qquad (5-64)$$

其中,k 为表征敏感器结构特性和物理特性的常数。

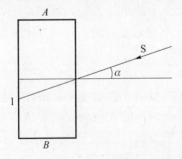

图 5 - 22　模拟式太阳敏感器原理示意图

数字太阳敏感器是一种按一定编码方式安排硅光电池来测量入射太阳光相对于航天器方位的高精度太阳敏感器,由入口窄缝、码盘、光电池和电子线路组

成。数字太阳敏感器输出与太阳光绕入口窄缝的转角成正比的数字量信息。数字式太阳敏感器的光学原理如图 5 - 23 所示。设棱镜折射率为 n，入射角 θ 和折射角 θ' 间的关系为

$$n\sin\theta' = \sin\theta \qquad (5-65)$$

太阳光通过折射后产生一个照亮的码盘图案，码盘每行码道下面安装一个光电池，产生一个带符号的输出 N，正比于偏转量 x，即 $x = kN$（k 为码盘步距尺寸），则可推导得到输出（弧度）

$$\theta \approx nkN/h \qquad (5-66)$$

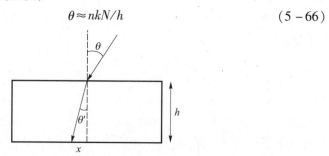

图 5 - 23   数字式太阳敏感器光学原理图

设 S_a 为太阳矢量在太阳敏感器光轴上的投影，S_l 为太阳矢量在数字式太阳敏感器狭缝方向的投影，S_p 为太阳矢量与 S_l、S_a 构成直角坐标系的另一轴上的投影，根据数字太阳敏感器在航天器上的安装方向及星历计算，即可求得数字太阳敏感器的输出为

$$\alpha = \arctan\left(\frac{S_p}{S_a}\right) \qquad (5-67)$$

如果在航天器上沿两个本体轴各安装一个数字太阳敏感器，即可测得太阳光相对于航天器本体的两个方位角。当航天器相对于轨道坐标系有偏差时，数字太阳敏感器测得的方位角和无姿态偏差时的理论方位角不相等，由此可获得姿态误差信息。

4）星敏感器模型

星敏感器是感受恒星的辐射并测量航天器相对于恒星方位的一种光学姿态敏感器。星敏感器测量某些恒星的观测矢量的方位以及恒星亮度，再用星历表得到这些恒星在惯性系中的方位，经姿态确定算法即可提供姿态信息。使用一个星敏感器即可确定卫星的三轴姿态，但考虑到地气光、太阳光等抑制条件，工程中往往要在航天器上安装多台星敏感器才能满足航天器整个任务阶段姿态的高精度测量需求。

由于恒星相对于地球（两侧临边）的张角很小，且星光在惯性系中的方向是

精确已知的,故星敏感器的测量精度很高。来自恒星的平行光经过光学系统后,在电荷耦合器(CCD)面阵上聚焦成像,确定星象的中心位置后,根据聚焦几何关系,可进一步求出星光矢量在星敏感器坐标系中的方向,再由星敏感器安装矩阵求得星光矢量在航天器本体坐标系中的观测矢量。星敏感器能同时敏感多颗恒星,经过星图识别后作为三轴姿态测量基准的恒星一般在 3 颗以上。用多矢量定姿可求出航天器相对于惯性空间的三轴姿态,给定轨道根数后,可进一步求得航天器相对于轨道坐标系的姿态。

星敏感器测量原理如图 5 - 24 所示,设 S_s 为恒星单位矢量在星敏感器坐标系中的表示,恒星单位矢量在惯性系中的表示 S_i 为

$$S_i = \begin{bmatrix} \cos\alpha\cos\delta \\ \sin\alpha\cos\delta \\ \sin\delta \end{bmatrix} \qquad (5-68)$$

式中:α,δ 为恒星的赤经和赤纬。

则 S_s 与 S_i 关系为

$$S_s = A_s A S_i \qquad (5-69)$$

式中:A 为航天器惯性系到本体系的姿态转换阵;A_s 为本体系到星敏感器坐标系的姿态转换阵。由式(5-69)求得 A,并由轨道要素得到惯性系至轨道系的转换阵后,即可求得本体系相对于轨道系的姿态角。

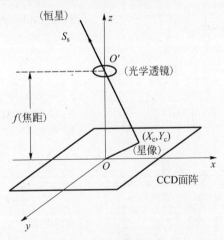

图 5 - 24　星敏测量原理示意图

星敏感器存在多种误差源,如成像误差、加工装配误差、光轴的不稳定性、CCD 噪声、电子线路噪声、标定误差等。其中,光轴不稳定性、噪声等引起的误差为随机误差,是不可补偿的,只能依靠提高星敏感器性能来减小;装配误差、

CCD 响应不均等固定误差,则可利用星敏感器软件来补偿。在实际应用中,经软件补偿后,星敏感器仍然含有剩余误差,可在飞行试验中根据其他测量信息,获得较准确的 $\boldsymbol{A}$ 阵,再根据星敏感器输出来矫正 $\boldsymbol{A}_s$ 阵。

星敏感器的数学仿真模型可假设已知 $\boldsymbol{S}_i$ 及 $\boldsymbol{A}$,星敏感器的输出 $\boldsymbol{S}_c$ 为

$$\boldsymbol{S}_c = \Delta\boldsymbol{S} + \Delta\boldsymbol{S}_n + (\boldsymbol{A}_s + \Delta\boldsymbol{A}_s)\boldsymbol{A}\boldsymbol{S}_i \qquad (5-70)$$

式中:$\Delta\boldsymbol{S}$ 为常值误差;$\Delta\boldsymbol{S}_n$ 为随机误差;$\Delta\boldsymbol{A}_s$ 为安装误差矩阵;$\boldsymbol{S}_i'$ 为某一观测到的恒星在星历表中的矢量。

主要敏感器模型输入输出如表 5-4 所列。

表 5-4 敏感器模型输入输出

敏感器	输入信息	输出信息
陀螺	惯性系姿态角速度	各陀螺脉冲数
	本体加速度	
	安装信息	
	误差模型	
加速度计	本体加速度	各加速度计脉冲数
	安装信息	
	误差模型	
红外地球敏感器	本体姿态余弦阵	弦宽信息、地中信息、标志(包括消隐标志、太阳进视场标志等)
	地心距	
	安装及视场信息	
太阳敏感器	本体姿态余弦阵	太阳矢量与法线夹角
	地心距	见太阳标志
	安装及视场信息	
	太阳矢量	
	帆板转角信息	
	误差模型	
星敏感器	惯性系姿态角速度	敏感器三轴在惯性系的分量
	本体到惯性系姿态余弦阵	姿态四元数
	地球半张角	姿态角速度
	地心矢量	
	太阳矢量	
	安装及视场信息	
	误差模型	

2. 相对测量敏感器模型

除了绝对测量敏感器以外,要完成交会对接任务还需要配备能够测量两个航天器相对位置和相对姿态的敏感器。专门用于交会对接的敏感器主要有微波雷达、激光雷达、GNSS、光学成像敏感器、电视摄像机等。这些敏感器的测量范围和精度各不相同,分别用于交会对接的不同阶段。下面介绍几种主要的相对测量敏感器。

1）微波雷达

微波雷达可在相距几百千米至几十米的距离范围内捕获跟踪目标,提供目标航天器和追踪航天器之间的距离 ρ、距离随时间的变化率 $\dot{\rho}$、视线相对于雷达测量系的仰角 α 和方位角 β,如图 5 – 25 所示。

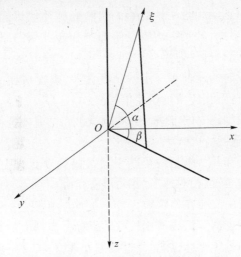

图 5 – 25　微波雷达测量系

微波雷达测量系统由追踪航天器上的雷达天线、目标航天器上的应答机和无线电通道组成。微波雷达测量相对距离的原理是,雷达上的天线在一定角度范围内按照一定的角速度做机械转动,同时按照一定的重复周期向空间发射电磁波,通过接收到目标反射回来的回波得到目标与雷达之间的相对距离;微波雷达测量目标仰角和方位角的原理:雷达天线将电磁波发射到空间中,当天线波束轴对准目标时,回波信号最强,天线波束偏离目标时回波信号将减弱,根据接收回波最强时的天线波束指向,可以确定目标的方向。

已知微波雷达的测量值 ρ、α、β,可由式(5 – 71)得到微波雷达测量系的三轴位置 x、y、z,进而通过微波雷达的安装得到交会对接坐标系下的相对位置。反之,在建立微波雷达数学模型时,也可根据相对位置,反推得到微波雷达的测

量值

$$\begin{cases} x = \rho\cos\alpha\cos\beta \\ y = \rho\cos\alpha\sin\beta \\ z = \rho\sin\alpha \end{cases} \tag{5-71}$$

2）激光雷达

激光雷达可在几十千米距离范围内捕获跟踪目标，提供目标航天器和追踪航天器之间的距离 ρ、距离随时间的变化率 $\dot\rho$、视线相对于雷达测量系的仰角 α 和方位角 β。与微波雷达相比，激光雷达体积、质量小，测量精度高，测速灵敏度高。

激光雷达主要由激光源、发射与接收机、信号处理器、跟踪机构、目标反射器等部分组成。激光雷达测距时用计数器确定激光脉冲从目标返回的时间延迟，从而得到相对距离信息。激光雷达测量俯仰角和方位角的原理：通过向目标航天器发射激光信号，经目标反射器反射回来，再通过光学系统投射到探测器上，若返回的信号与测量时的光轴有一定的角度偏差，则投射在探测器上的光斑面积不相等，经处理可得到相应角度误差信号。

激光雷达数学模型建立的方法及公式与微波雷达基本相同，这里不再赘述。

3）光学成像敏感器

光学成像敏感器在几百米至两个航天器对接机构互相接触的范围内，给出两个航天之间的相对位置、相对速度、相对姿态角和相对姿态角速度。

光学成像敏感器由安装在追踪航天器上的光学相机、信息处理器和安装于目标航天器的目标标志器等组成。相机敏感目标标志器上的光点并给出光点在相机成像面上测得的投影坐标，然后经过数据处理，再按一定算法计算出追踪航天器和目标航天器之间的相对距离和相对姿态，以及相对速度和相对姿态角速度。

光学测量敏感器的数学模型，可根据敏感器的安装信息，将动力学的相对位置和姿态信息经坐标转换到光学成像敏感器测量系中，得到光学成像敏感器的测量输出。

目标标志器坐标系与相机测量系间的相对姿态余弦阵 C_{relatt} 为

$$C_{\text{relatt}} = C_{\text{TT}} C_{\text{CT}}^{\text{T}} C_{\text{RC}}^{\text{T}} \tag{5-72}$$

式中：C_{RC} 为追踪航天器对接口坐标系到相机测量系的姿态转换阵；C_{TT} 为目标航天器对接口坐标系到目标标志器坐标系的姿态转换阵；C_{CT} 为目标航天器对接口坐标系到追踪航天器对接口坐标系的姿态转换阵。

根据相对姿态余弦阵 C_{relatt}，按照一定的转序即可得到三轴相对姿态角。

两航天器的相对位置在光学成像敏感器测量系中的相对位置测量量 x_r、y_r、z_r 为

$$\begin{bmatrix} x_r \\ y_r \\ z_r \end{bmatrix} = \boldsymbol{C}_{RC}\boldsymbol{C}_{CT}(\boldsymbol{r}_T + \boldsymbol{r}_{dock} - \boldsymbol{r}_C) \qquad (5-73)$$

式中：$\boldsymbol{r}_{dock}$ 为动力学模块给出的两航天器对接口间的相对位置（目标对接口系下）；$\boldsymbol{r}_T$ 为目标对接口系下目标标志器的安装矢量；$\boldsymbol{r}_C$ 为目标对接口系下相机的安装矢量。

总之，相对测量敏感器测量信息主要来源于动力学模型的相对信息，将其转换到相对测量敏感器测量坐标系得到测量真值，然后根据各敏感器的误差模型，考虑系统误差和随机误差，输出敏感器的测量值。主要相对测量敏感器模型的输入输出如表 5-5 所列。

表 5-5　相对测量敏感器模型输入输出表

相对测量敏感器	输入信息	输出信息
雷达测距仪（包括微波雷达和激光雷达）	相对姿态角	视线距离、俯仰角、方位角、有效性标志、与太阳矢量夹角等
	相对位置	
	太阳矢量	
	本机和目标的安装及视场信息	
	安装误差模型	
	测量误差模型	
光学成像敏感器	相对姿态角	相对位置和相对姿态的测量信息、视场角、与太阳矢量夹角、有效性标志等
	相对位置	
	太阳矢量	
	本机和目标的安装及视场信息	
	安装误差模型	
	测量误差模型	

5.4.2　执行机构模型

航天器的执行机构是用于对航天器产生控制力和力矩，从而改变航天器运动的装置。航天器的执行机构根据产生控制力和力矩的原理分为质量排出式、动量交换式和环境场式 3 种类型。

质量排出式执行机构是利用高速排出的质量产生反作用推力的喷气发动机。推力不过航天器质心时可产生控制力矩,具有力矩大,适应性强等特点。

动量交换式执行机构简称飞轮,是通过改变转速或改变框架角,产生控制力矩的姿态控制执行机构,包括惯性轮(反作用飞轮/动量轮)、控制力矩陀螺、框架动量轮等。

环境场式执行机构是利用环境与航天器上部件的相互作用产生控制力矩的姿态控制执行部件,包括磁力矩器、重力梯度杆等。

交会对接中追踪航天器在进行姿态控制的同时还需进行位置控制,因此需配置能产生推力和力矩的发动机作为执行机构之一。下面主要介绍发动机的仿真模型。

发动机模块根据 GNC 计算模型(见 5.4.3 节)输出的各发动机开关机指令,计算所有发动机某一时刻产生的合力和合力矩输出给动力学模块,以产生对航天器的作用力/力矩。

发动机的推力模型特性如图 5 - 26 所示,其中上图是发动机开机指令信号,由船(器)载计算机根据控制规律发出,下图是发动机实际执行情况。

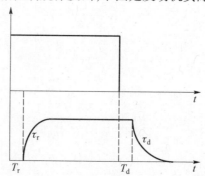

图 5 - 26   推力特性模型

图中:T_r,T_d 为推力延时;τ_r,τ_d 分别为推力上升时间常数和下降时间常数,由发动机特性决定。记 T_{90} 和 T_{10} 分别为从指令信号起始时刻至推力达到标称推力的 90% 所需的时间和从指令信号结束时刻至推力下降到标称指令信号的 10% 所需的时间。如果已知 T_r、T_d、T_{90} 和 T_{10},则模型中的时间常数为

$$\tau_r = \frac{T_{90} - T_r}{\ln 10}$$

$$\tau_d = \frac{T_{10} - T_d}{\ln 10} \qquad (5 - 74)$$

具体建模时应根据不同规格发动机的特性建立不同参数的模型。

5.4.3　GNC 计算模块

GNC 计算模块用于实现交会对接任务的工作模式管理、姿态确定、轨道计算、相对导航计算、姿态控制、位置控制等,是交会对接系统仿真需要验证的主要功能模块之一。因此,GNC 计算模块一般可直接使用船(器)载计算机上的软件,或者尽量模拟船(器)载计算机上运行的软件,以达到功能验证的目的。

GNC 计算模块的输入为所采集的各敏感器测量数据,输出为发送给执行机构的控制指令。对于发动机,控制指令为开/关时间;对于飞轮,控制指令为电动机的驱动电流;对于磁力矩器,控制指令为控制电压。

对交会对接任务来说,GNC 计算模块中的数据流关系如图 5 - 27 所示。

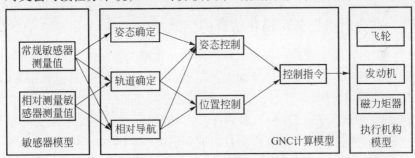

图 5 - 27　GNC 计算模块的数据流关系

5.5　交会对接任务可视化仿真

随着科学技术的发展进步,各个行业所产生的数据越来越多,所要处理的数据量也越来越多,人们已不满足于只是对信息数字的模拟仿真,越来越多的仿真向着可视化方向发展。现阶段系统仿真中的可视化部分主要分为数据可视化和视景可视化两大类。

实现数据的可视化,是让人们更加方便、快捷与精准的对数据进行处理,减少数据在分析及传递过程的误差量。此外,数据可视化还具有很好的交互性,不仅设计功能良好,且使用过程中更加有意义、更加容易被人们理解和接受。因此,实现数据的可视化是非常必要的。交会对接任务可视化仿真的设计,采用新的软硬件技术及手段,不仅可更加容易获得庞大的数据库,还能挖掘其隐藏的数据属性。数据处理过程中,需要对一些有价值的数据进行采集和深入分析。

视景可视化仿真,也称视景仿真,是计算机技术、图形处理与图像生成技术、立体影像和音响技术、信息合成技术、显示技术等诸多高新技术的综合运用。视景仿真有利于缩短试验和研制周期,提高试验和研制质量,节省试验和研制经费,并已经在许多领域得到了广泛使用,如城市规划仿真、大型工程漫游、虚拟旅游、虚拟现实房产推销系统、虚拟现实模拟培训、交互式娱乐仿真等。特别还适于应用在军事领域的作战训练和武器研制方面,例如运用场景模拟技术建立起一个虚拟逼真的电子战场环境,使攻防双方的作战人员沉浸在由计算机产生的作战环境中,它为武器装备研制,战术演练和训练提供了非常有效的手段和途径,具有十分明显的经济效益并成为军事领域里重要的高科技手段。目前,视景仿真技术已成为很多领域仿真系统的一个主要组成部分,它是虚拟现实技术、分布交互仿真技术研究的主要内容之一。

5.5.1　交会对接任务可视化仿真的组成

　　可视化仿真的实现和运行离不开硬件平台和相应仿真软件的支持。可视化仿真系统的硬件设备一般包括控制服务器、图形仿真服务器组、视频矩阵、高清投影机组、投影融合服务器、高增益融合专用投影幕布以及音响集成设备等组成,近年来随着大屏幕 LED 显示墙的普及,也成为可视化系统中作为终端显示的一种方案。可视化仿真的硬件部分组成如图 5-28 所示。其中仿真服务器不仅仅局限于计算机,也可以是移动智能设备、半物理仿真模拟器、虚拟仿真模拟器等一系列硬件。

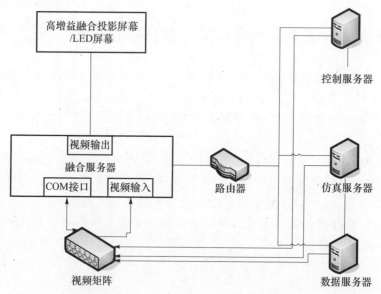

图 5-28　交会对接任务可视化仿真的硬件组成

可视化仿真软件一般由视景仿真模块、二维仿真模块、图形显示模块和信息显示模块等组成。具体组成如图 5 – 29 所示。

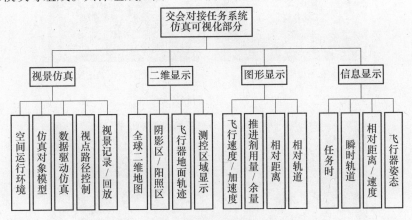

图 5 – 29　交会对接任务可视化仿真的软件组成

通过软硬件的结合,可视化仿真系统能以多种方式通过任务前仿真或任务实时仿真将箭、船、器飞行过程中的时序动作、姿态、弹道/轨道、碰撞情况以直观的二维图形/三维图像和数据形式显示。

5.5.2　可视化仿真硬件平台

可视化仿真的最终呈现形式就是将仿真的结果图像通过显示设备显示出来,除了普通的桌面显示器、大屏显示器,头戴式显示器外,作为大规模的仿真应用环境,可视面积超过几十平方米的大屏幕显示设备更能表现出宏大真实的场面,能使观看者的临场感凸显,宛如身临其境。

交会对接任务可视化仿真系统采用融合投影作为最终的显示终端,在保证大画面输出的同时支持三维立体显示,以达到更加逼真和震撼的效果。

超大的显示面积要实现无缝平滑过渡拼接,需要多台投影机进行融合处理,采用边缘融合处理技术。边缘融合处理是指采用特定的图像处理技术,通过复杂数学算法,生成融合过渡带消除投影机图像重叠区域的几何形变误差及亮度对比度差异大的问题,可以达到图像之间的平滑过渡,是有异于传统"拼接"和"重叠"的一种图像矫正处理方法。边缘融合处理原理如图 5 – 30 ~ 图 5 – 33 所示。

与传统的简单拼接方法相比,左路投影仪对图像右边重叠区域的亮度进行横向线性衰减,右路投影仪对图像左边重叠区域的输出亮度进行横向线性增加。当两图像拼接时,重叠区域的亮度正好互相补充,同时图像形变误差也会进行平

155

左路投影原始图像　　　　　　　　右路投影原始图像

图 5 - 30　左右两路原始图像

图 5 - 31　未经融合处理的投影拼接效果

左路投影处理后图像　　　　　　　右路投影处理后图像

图 5 - 32　经过平滑过度处理后的图像

图 5 - 33　左右两路图像融合拼接后的最终图像效果

滑过渡,在显示效果上表现为左右两路图像在视觉上分辨不出拼接痕迹,从而达到一幅完整画面的效果。

同时,可视化仿真系统也采用了主动立体技术实现三维功能。主动式投影产品近年来发展迅速,主要得益于 Nvidia 的 3D vision 和 TI 的 DLP - link 技术的推广使得主动投影技术逐渐成为一种主流技术配置,大大降低了立体投影的门槛。采用先进的主动快门技术,对环境依赖较低,普遍反映主动立体技术在相同条件下的实现效果更加优秀。

主动立体系统采用 120Hz 的左右眼交替图像作为节目源。通过主动立体眼镜的控制,当左眼图像显示时,眼镜的左镜片打开让光线透过,同时右镜片关闭,从而只能让观察者的左眼看到左眼画面;当右眼图像显示时,眼镜的右镜片打开让光线透过,同时左镜片关闭,则观察者此时是右眼看到对应的右眼画面。如此,观察者的双眼分别看到了对应的图像,并看到了 3D 立体效果,其原理如图 5 - 34 所示。

观看左画面时左镜片打开右镜片关闭　　观看右画面时右镜片打开左镜片关闭

图 5 - 34　主动立体技术工作原理图

与传统的红蓝立体技术相比,主动立体技术没有红、蓝色光的偏差,不会对观察者看到的图像产生色变而影响视觉。

与传统的偏振立体技术相比,主动立体技术不需要特定的投影幕和偏振光源。偏振立体技术为了使左右画面产生偏振方位差,对每一帧画面都要进行偏振过滤,这会使画面水平方向分辨率减半,画面亮度和影像画质降低。

5.5.3　可视化仿真实体建模

实体建模是指在实体的基础上建立实体各个状态的三维可视化模型,目前主要的建模工具有 PC 上的 3Dmax、MAYA、SGI 工作站上的 multigen - creator 等,所建立的模型通过一定的转换可以在可视化软件中直接调用并生成相应的实体三维图形。OpenGL、Driect3D、performer 等三维图形开发语言均提供了具有此类功能的函数。

在三维视景可视化中,实体可以分为两大类:

(1)场景实体。场景实体主要提供整个视景的基本情况,如地球、地形、地貌、星际空间环境、光照环境、辐射环境等。它的状态是静态的或者是按一定规律变化的,与仿真系统的运行无关。系统主要通过视点的改变来观察场景实体。

(2)仿真实体。在仿真系统中被仿真的每一个实体称为仿真实体,它的实体状态是通过实体实时仿真获得的,在整个仿真系统运行过程中动态的改变,包括位置、姿态、活动部件的运动、视觉效果等。

视景仿真离不开三维仿真模型,三维仿真模型的建立是进行可视化仿真的第一步。

一般评价建模的指标如下:

(1)精确度。它是衡量模型表示现实物体精确程度的指标。理想情况下,我们期望所有的模型都是精确的,但是,从技术和系统的角度来看,有时是不可能的或者是没有必要的。一般地,我们所需要的精确度取决于系统本身,精确度越高模型的数据量越大,影响仿真系统的实时性。

(2)显示速度。许多仿真系统对响应时间有较高的要求。在交互式系统中,我们往往希望响应时间越短越好。

(3)操纵效率。仿真过程中驱动三维模型显示是最占用计算机系统资源的操作之一,对具有多活动关节特性的三维模型进行仿真驱动需要非常高的效率才能保证整个系统仿真的时效性。

(4)易用性。创建有效的模型是一个十分复杂的任务,建模者必须尽可能精确地表现物体的几何和行为模型,建模技术不能使之变得越来越复杂,而应尽可能容易地构造和开发一个好的模型。

为了保证真实的仿真环境,所有三维模型的比例均为1:1,一般采用现阶段流行并通用的建模软件进行建模和贴图设计,制作输出的模型文件需要进一步设定活动部件。这是因为模型中的某一部分会依附于主体做相对运动,并且这种运动经常是级联运动,即每一级子级相对于其父级运动,例如,交会对接任务仿真系统中最常见的太阳翼展开运动、多级连杆机构运动等均属此类运动。

在交会对接任务仿真中,场景实体主要为真实的空间环境和地表环境。空间环境包括真实的星空分布、按照实际轨道运行的太阳、地球、月球、火星以及其他行星,最主要的是日地关系和地月关系,日地关系决定了太阳光的照射角度,而地月关系决定了月球轨道的正确性,真实的火星位置决定了火星相对地球轨道的正确性,除了空间环境外,地球表面的自然环境也是仿真的组成部分,包括地球表面的地形地貌,气象云雾等,将对地面发射仿真或者载人飞船返回着陆仿真的逼真程度提供很大的支持。

　　针对航天发射场实际地形及地貌特征,将发射场分为地形和建筑物两大部分,地表样貌和地形分别采用卫星影像数据和高程数据,而建筑部分(包括发射台、厂房、运输轨道及配套设施等)则进行实体建模。

　　考虑到仿真任务环境的特点,在不降低系统的实时性的前提下,采用粒子系统构建相关的特殊效果模型,如发动机喷射火焰、气象中的雨、雪、尘埃以及高空飞行中能见到的海面泡沫等。粒子系统的优点主要表现在:一是简单体和复杂物体行为有机结合;二是易于实现,只要提供用于粒子属性的随机过程一些参数即可定义一个粒子系统;三是粒子简单,易于显示,而且显示效率较高。

　　在可视化系统中,爆炸、火光、烟雾、燃烧、火焰等特殊效果是一个重要的组成部分,其逼真度直接影响着整个仿真系统。空间环境光晕效果、云层效果、水面及反射光晕效果、发射场场景分别如图 5－35 ～ 图 5－38 所示。

图 5－35　真实的空间环境场景

图 5－36　云层场景效果

图 5 - 37　水面及反射光晕场景效果

图 5 - 38　发射场场景效果

　　真实的场景环境和光照环境为航天领域的仿真起着决定性作用,如果没有真实的位置数据反映空间中起决定作用的环境实体的位置及相对关系,那么所有的仿真将变得不再有意义。

　　在交会对接任务仿真中,仿真实体主要包含参与仿真的各个对象,如运载火箭、航天器、返回器、对接装置等,这些对象必须要与实际的物体保持外形一致、运动特性一致、视觉效果显示一致,这样才能正确反映实际情况。仿真实体的效果如图 5 - 39 所示。

　　为了更好地满足仿真的真实性要求,除了仿真实体本身的模型效果外,附加的声光电效果也很重要。其中声音效果包括发动机工作时发出的声音、物体碰撞声音、信号通信声音等,光效果包括发动机尾焰效果、信号灯效果、云雾遮挡效果等,电效果包括无线电波束通信效果、雷达波辐射效果、传感器照射效果以及测控站测控范围效果等。某航天器三维模型搭建及贴图后示例如图 5 - 40、图 5 - 41所示。

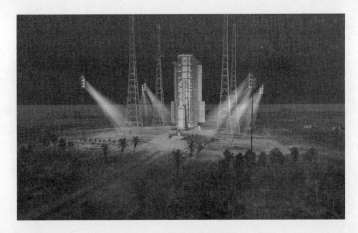

图 5 – 39　仿真实体效果

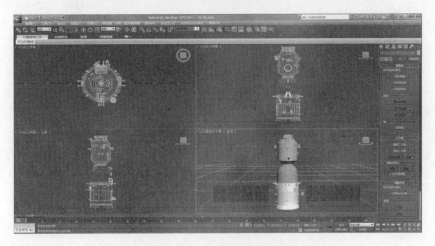

图 5 – 40　三维模型搭建示例

图 5 – 41　三维模型贴图后示例

5.5.4 可视化仿真数据驱动

数据驱动是利用实体的仿真模型所获得的各类参数数据来驱动实体的三维可视化模型在一个虚拟空间中进行运动,以达到再现实体的运动情况。

对于交会对接任务仿真,一般来说,驱动仿真实体的数据主要包括:实体的位置、姿态数据,实体组件的开关机状态,传感器的指向,活动部件的转动角度,单一事件(捕获/释放、碰撞等)的触发参数,仿真效果(声、光、电)的开关量及显示效果参数,观测视点的位置、姿态。此外,还有许多可以用来体现更真实的仿真控制参数。

总之,只有将仿真环境、仿真实体和准确的驱动数据三者有机的结合起来,才能实现真正意义上的可视化三维仿真。

5.6 小 结

本章针对交会对接任务系统仿真,阐述了轨道和姿态动力学、轨道测量数据、轨道控制规划、测量敏感器、GNC 和可视化显示等的仿真建模过程,给出了大气环境、太阳辐射、重力梯度力矩、地磁力矩等摄动力和摄动力矩的数学模型,USB 外测、GNSS 测量、中继测量数学模型,交会对接远距离导引、自主控制过程的变轨策略和计算模型,以及可视化显示实体建模和数据驱动方法,是交会对接任务仿真的基础。

参 考 文 献

[1] 薛定宇,陈阳泉. 高等应用数学问题的 Matlab 求解[M]. 北京:清华大学出版社,2004.

[2] 章仁为. 卫星轨道姿态动力学与控制[M]. 北京:北京航空航天大学出版社,1998.

[3] 周军. 航天器控制原理[M]. 西安:西北工业大学出版社,2001.

[4] Xie Yongchun,Hu Jun,et al. Accurate and Stable Control of Shenzhou Spacecraft in Rendezvous and Docking[C]. 19th IFAC Symposium on Automatic Control in Aerospace, 2013. 9.

[5] 徐文福,梁斌,李成. 三轴稳定航天器多领域统一建模与仿真平台[J]. 哈尔滨工业大学学报,2011, 43(9):74 – 80.

[6] 李太玉,张育林. 利用地磁场给飞轮卸载的新方法[J]. 中国空间科学技术,2001(6):56 – 61.

[7] 屠善澄. 卫星姿态动力学与控制[M]. 北京:宇航出版社,2002.

[8] 刘良栋. 卫星控制系统仿真技术[M]. 北京:宇航出版社,2003.

[9] Wigbert Fehse. Automated Rendezvous and Docking of Spacecraft[M]. New York:Cambridge University Press, 2003.

[10] 林来兴. 空间交会对接技术[M]. 北京:国防工业出版社,1995.

［11］唐国金,罗亚中,张进. 空间交会对接任务规划［M］.北京:科学出版社,2008.

［12］张进. 空间交会远程导引变轨任务规划［D］. 长沙:国防科技大学,2008.

［13］Luo Yazhong, Li Haiyang, Tang Guojin. Hybrid Approach to Optimize a Rendezvous Phasing Strategy ［J］. Journal of Guidance, Control and Dynamics, 2007, 30(1):185 – 191.

［14］郭海林, 曲广吉. 航天器空间交会过程综合变轨策略研究［J］.中国空间科学技术,2004,24(3): 60 – 67.

［15］韩潮,谢华伟. 空间交会中多圈 Lambert 变轨算法研究［J］.中国空间科学技术,2004,24(5): 9 – 14.

［16］韩潮,段彬,付红勋. 远程导引可行飞行方案寻求算法研究［J］.中国空间科学技术,2002,22(1): 47 – 52.

第6章 交会对接仿真试验设计与数据处理方法

交会对接任务联合仿真涉及工程多个大系统、多家单位,仿真试验内容丰富、试验过程复杂、试验数据处理工作量极大。为保证仿真试验的充分性、合理性和有效性,需采用科学合理的方法进行试验设计和数据处理。本章将要阐述的交会对接仿真试验设计方法、仿真数据处理方法及仿真项目管理方法,是交会对接任务联合仿真的基础,也可为后续相关任务仿真试验提供参考和借鉴。

6.1 交会对接仿真试验设计方法

6.1.1 基本概念

(1) 响应:有关系统的状态变量或输出变量性能的度量。在试验中,则指试验得出的结果。

(2) 因素:又称为因子,一般是指影响系统性能的系统结构、参数及环境条件等。因素的类型有:①可控因素。研究者可以选择和控制其变化规律及范围的因素,如模型的输出、结构假设以及可调整的有关参数等。②不可控因素。系统中不能控制和确定的因素,如系统的环境因素和干扰等。

(3) 控制因素:试验者选择的与试验目的有关的可控因素。

(4) 因素的水平:在试验中各因素可取的不同值或状态。

(5) 单因素试验:一项试验中只有一个因素发生变化,而其他因素保持不变。

(6) 多因素试验:一项试验中有多于一个的因素即多个因素发生变化。

(7) 因素的效应:某个因素的变化而引起响应的变化,称为因素效应。为了度量并区分某个因素对响应的影响和两个或多个因素交互作用对响应的影响,又引入了空响应与交错响应的概念。

(8) 试验的系统条件及环境条件:一组互不相同的因素,各取一特定的水平就构成一次试验的系统条件。仿真试验的目的就是在多组条件中寻找一个最佳的系统条件,称其为试验的系统条件,以区别于试验的环境条件。试验的环境条件与试验的系统条件不存在自然的联系,但它将影响有关系统的试验结果。仿真试验的环境条件包括仿真所用的硬件及软件等。例如仿真程序、算法及计算步长等,都是与系统本身特性无关的环境条件,但它们对试验的结果有显著影响。

6.1.2　试验设计基本原则

在试验设计中,为了尽量减少试验误差,就必须严格控制试验干扰。这些干扰的影响大部分是随机的,有些是事先无法预估的,或者试验过程中是无法控制的。为保证试验结果的精确度,仿真试验应在基本一致的试验条件下进行,尽量控制或消除试验干扰的影响。因此,在进行试验设计时必须严格遵守重复原则、随机化原则和局部控制原则。

1. 重复原则

试验误差是客观存在和不可避免的,试验设计的任务之一是尽量减少误差和正确估计误差。若某试验条件下只进行一次试验,那么就无法从一次试验结果中估计随机误差的大小。只有重复试验才能利用同一条件取得的多个数据差异,把随机误差估计出来。试验重复次数越多,试验的精度也就越高。虽然强调试验的重复,但并非盲目地追求反复进行试验。没有正确的试验设计方法指导,再多次的重复也无助于减少试验误差,反而造成人力、物力、财力和时间的大量浪费。

重复是指在相同的试验条件下,进行两次或两次以上独立的试验。重复试验的目的在于估计和减小随机误差。许多试验都属于随机试验,其结果不能事先准确断定。就一次试验而言,看不出有什么规律,要想比较正确地反映随机试验结果的一般性规律,必须进行大量的独立重复试验。因此,重复的作用就是确保能真实地反映随机变量的统计规律性。重复实际上就是说试验要能经得起考验。

理论上讲,重复次数越多越好。但在实际应用时,重复次数太多,如试验的初始条件不一致,也不一定能降低误差。另外,随着重复次数的增加,整个试验所占用的时间也会增大,因而环境、操作等试验条件的差异也必然随之增大,由此引起的试验误差反而会增大。为避免这一个问题,要在同时遵循“局部控制原则”的前提下进行重复试验。重复试验的目的是估计和减小随机误差。

2. 随机化原则

随机化是指在试验中,每一个处理及每一个重复都有同等的机会设置在任何一个试验单位上或被安排在任何空间和时间环境中,以避免试验材料(或内容)分组时试验人员主观倾向的影响,消除某些处理或其重复占有的"优势"或"劣势",保证试验条件在空间和时间上的均匀性。这是在试验中排除非试验因素干扰的重要手段,目的是为了获得无偏的误差估计量。

随机化的作用主要有两个:一是降低系统误差,随机化可以使一些客观因子的影响得到平衡,尤其是那些与试验单元本身有关的客观因子;二是保证对随机误差的无偏估计。

随机化可有效排除非试验因素的干扰,从而可正确、无偏地估计试验误差,并可保证试验数据的独立性和随机性,以满足统计分析的基本要求。随机化通常采用抽签、摸牌、查随机数表等方法来实现。

3. 局部控制原则

局部控制是指当干扰因子不能从试验中排除时,通过设计对它们进行控制,从而降低或校正非试验因素对试验结果的影响,提高统计推断的可能性。例如,配对设计、协方差分析都是局部控制的例子,前者是通过配对使接受不同处理的两个试验单元具有最高的一致性,后者是利用协变量来校正干扰因子对试验结果的影响。

做一项试验,总是希望试验条件(除试验因素外的所有其他条件)基本上保持一致。这样得到的试验结果才可以直接看成试验因素对试验指标的影响,试验因素的不同水平之间才具有可比性。反之,如果除了试验因素外,试验条件也同时发生变化,就会引入系统误差。这时就不能确定试验指标的变化究竟是由于试验因素引起的,还是由于试验条件的变化引起的,这就干扰了对试验结果的分析。

任何一项试验,都是在一定的时空范围内进行的,而不同时空范围内的试验条件是有差异的。试验次数越多,所占的时空范围越大,试验条件之间的差异也就越大。反之,试验时空范围越小,试验条件就越均匀一致。如果把一项试验的时空范围划为几个小的范围——区组,使得每个区组内试验条件尽可能均匀一致,每个区组内各项处理的试验顺序随机排列。这样,每个区组的试验误差减小,区组间试验条件的差异虽较大,但可用适当的统计方法来处理。这种安排试验的方法称为局部控制,也称为局部管理。

实施局部控制时,区组如何划分,应根据具体情况而定。如果日期变动会影响试验结果,就可以把试验日期划分为区组;如果试验空间会影响试验结果,可以把空间划分为区组;如果全部试验用几台同型号的仪器或设备,考虑仪器或设备间差异的影响,可把仪器或设备划为区组;针对若干操作人员,考虑他们的操作技术、固有习惯等方面的差异,可把他们划分为区组。前面提到的重复试验可以减小随机误差,但随着重复的增多,试验规模加大,试验所占的时空范围变大,试验条件的差异也随之增大,这又会增加试验误差。为了解决这一矛盾,可以将时空按重复数分为几个区组,实时局部控制。

以上所述重复、随机化、局部控制 3 个基本原则称为费雪(R. A. Fisher)三原则,是试验设计中必须遵循的原则。在实际应用中,试验设计的三原则是相辅相成、相互补充、融为一体的,从而能控制试验干扰,保证试验条件基本均匀一致,减小试验误差,提高试验精度,再结合适当的统计分析方法,就能够准确地评价试验因素的作用,正确地估计试验误差,做出可靠的推断。获得正确的试验结论。试验设计三原则的关系和作用如图 6-1 所示。

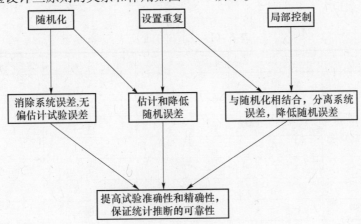

图 6-1 试验设计三原则的关系和作用

6.1.3 试验设计基础方法

1. 正交试验设计

全面试验法是把每个因素的所有可能组合均做试验。这种试验设计的优点是能够掌握各因素对试验结果的影响,信息量大而全面;缺点是随着试验因素数目的增大,试验次数急剧增长,若加之重复,试验规模就会很大,往往在实践中难以实施。所以,全面试验在因素较少的情况下适用,对于 3 个以上的多因素试验,一般采用部分实施法,以减少试验次数,缩短试验周期。部分实施法中最常用的是正交试验设计。

正交试验设计又称正交设计或多因素优选设计,是一种合理安排、科学分析各试验因素的有效数理统计方法。它借助一种规格化的"正交表",从众多的试验条件中选出若干个代表性较强的试验条件,科学地安排试验,然后对试验结果进行综合比较、统计分析,探求各因素水平的最佳组合,从而得到最优或较优试验方案。正交试验设计的特点是用不太多的试验次数,找出试验因素的最佳水平组合,了解试验因素的重要性及交互作用情况,减少试验的盲目性,避免资源浪费等。它能以较少的试验次数找到较好的试验方案,由正交试验寻找出的优化参数与全面试验所找出的最优条件有一致的趋势。正交试验设计的基本工具是正交表,它是根据均衡分布的思想,运用组合数学理论构造的一种数学表格,均衡分布性是正交表的核心。正交试验设计具有正交性,使试验具备均衡分散和综合可比性,应用方便,准确性高,在多因素条件下应用有很大的优越性。$L_9(3^4)$为例的正交表可参见表6-1,其中"L"代表正交表,下标"9"代表需要做的试验次数,"3"代表每个因素有3个水平,上标"4"代表有4个因素(4列)。

表6-1 $L_9(3^4)$正交表

	1	2	3	4
1	1	1	1	1
2	1	2	2	2
3	1	3	3	3
4	2	1	2	3
5	2	2	3	1
6	2	3	1	2
7	3	1	2	2
8	3	2	1	3
9	3	3	2	1

对于多因素试验,正交试验设计是最简单最常用的一种设计方法,正交试验设计包括试验方案设计和结果分析两部分,如图6-2所示,图中k为每个因素同一水平出现的次数,$\bar{k}$为每个因素每个水平所对应的试验指标的平均值,R为每个因素的极差。

1)正交试验方案设计

(1)明确试验目的,确定试验指标。试验设计前必须明确试验目的,即本次试验要解决什么问题。试验目的确定后,对试验效果如何衡量,即选定试验指标。试验指标可为定量指标也可为定性指标。通常为了便于试验结果的分析,对定性指标采用必要的方法进行数量化,如模糊数学处理法、加权评判法或用相关设备分析法等。

(2)选择试验因素,确定试验水平,列出因素水平表。根据专业知识和以往的研究结论经验,从影响试验指标的诸多因素中,通过因果分析筛选出需要考察的试验因素。一般确定试验因素时,应以对试验指标影响大的因素、尚未考察过

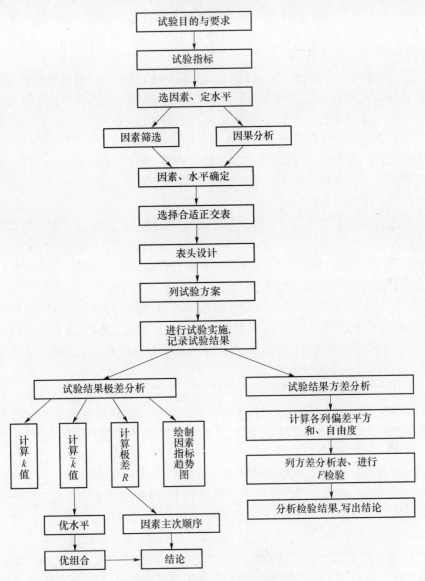

图6-2　正交试验设计基本程序

的因素、尚未完全掌握其规律的因素为先。那些对试验指标影响较小的因素、对试验指标影响规律已完全掌握的因素,应当少选或不选,但要作为可控的条件因素参加试验,严格控制。试验要求考察的因素必须定为试验因素,不能遗漏,有时应列为主要因素,加以重点考察。

　　试验因素选定后,根据所掌握的信息和相关资料,确定每个因素的水平,一般以 2~4 个水平为宜。对主要考察的试验因素,可以多取水平,但不宜过多(≤6),否则试验次数骤增。因素的水平间距,应根据专业知识及已有的资料,尽可能把水平值取在理想区域。

(3) 选择合适的正交表。正交表的选择是正交试验设计的首要问题。确定了试验因素及其水平后,根据因素、水平以及是否需要考察交互作用来选择合适的正交表。正交表选的太小,试验因素可能安排不下;正交表选的过大,试验次数增多。正交表的选择原则是在能够安排下试验因素和交互作用的前提下,尽可能选用较小的正交表,以减小试验次数。另外,为了估计试验误差,所选正交表安排完成试验因素及要考察的交互作用后,最好留有空列,否则必须进行重复试验以考察试验误差。

所选正交表必须满足以下两个条件:①对等水平试验,所选正交表的水平数与试验因素的水平应一致,正交表的列数应大于或等于因素及所要考察交互作用所占的列数;②对于不等水平的试验,所选混合型正交表的某一水平列数应大于或等于相应水平的因素个数。

(4) 表头设计。表头设计就是指将试验因素和交互作用合理地安排到所选正交表的各列中。若在试验中,不考虑试验因素间的交互作用,各因素可以任意安排;若要考察因素间的交互作用,各因素应按照相对应的正交表的交互作用列表来进行安排,以防止设计混杂。

设计混杂是指在正交表的同一列上,安排了两个或两个以上的因素或交互作用。这样,就无法区分同一列中这些不同因素或交互作用对试验指标的作用效果。在表头设计中,为了避免混杂,那些主要因素、重点考察的因素、涉及交互作用较多的因素,应优先安排,而一些次要因素、涉及交互作用少的因素和不涉及交互作用的因素,则可放在后面安排。

(5) 编制试验方案。在表头设计的基础上,将所选正交表中各列(不包含欲考察的交互作用列)的不同水平数字换成对应各因素相应水平值,便形成了试验方案。试验方案设计完成后,就可以按照试验方案实施试验。在试验实施过程中,必须严格按照各组试验的处理组合进行,不得随意改动。试验因素必须严格控制,试验条件应尽量保持一致。另外需要说明的是,试验方案中的试验顺序并不是实际进行试验的顺序,一般最好同时进行。如果条件只允许一个一个组合来进行试验,为了排除外界干扰,应使试验顺序随机化,即采取抽签或查随机数字表的方法来确定试验顺序。不论用什么顺序进行试验,一般都应进行重复试验,以减小随机误差对试验结果的影响。

2) 试验结果分析

试验完成后,即可对正交试验结果进行分析。目前有极差分析法、方差分析

法、贡献率分析法等多种方法,常用的是极差分析法和方差分析法。通过结果分析,可以解决以下问题:

(1)分清各因素及其交互作用对试验指标影响的主次顺序,分清哪个是主要因素,哪个是次要因素。

(2)可以判断因素及其交互作用对试验指标影响的显著程度。

(3)可以得到试验因素的优化水平和试验范围内的优组合,即试验因素取什么水平时,试验指标最好。

(4)可以分析因素与试验指标间的关系,即当因素变化时,试验指标是如何变化的。找出指标随因素变化的规律和趋势,为进一步试验指明方向。

(5)可以了解各因素之间的交互作用情况。

(6)估计试验误差的大小。

2. 均匀试验设计

均匀试验设计法也称均匀设计,它是数论方法中的"伪蒙特卡罗方法"的一个应用。与其他试验设计方法相比,均匀设计更适合于水平数较多的多因素试验设计,不仅能大大减少试验次数,而且能保证试验点均匀分散在整个试验范围内,从而能有效地进行后续的回归分析和寻优,这是传统的优选法和正交设计所不具有的特点。优选法是基于单变量的最优化方法,即假定所研究的问题中只有一个因素起作用,这种情况在实际问题中几乎是没有的。正交设计的基础是拉丁方理论,适合于设计多因素试验,其试验次数相对于全面试验中各因素、各水平的所有组合数来说是大大减小了,但在因素水平数较多时,正交设计的试验次数规模依然较大,特别是对于试验成本较高的科学试验或工业试验来说,仍需要寻找使试验次数进一步减小的试验设计方法,这也是均匀试验设计最初被提出来的原因。

试验设计方法虽然有很多种,但本质上都是在试验范围内如何挑选有代表性的试验点的方法。均匀试验设计就是只考虑试验点在试验范围内充分均匀分散而不考虑整齐可比,因此它的试验点的分布均匀性比正交试验点的均匀性更好,使试验点具有更好的代表性。由于这种方法不再考虑正交设计中为整齐可比而设置的试验点,因而大大减少了试验次数,这是均匀试验设计法的最大优势。

正交设计中的整齐可比原则使试验结果的分析十分方便,易于估计各因素的主效应和部分交互效应,从而可分析各因素对试验指标的影响大小和变化规律。由于均匀设计不再考虑正交试验整齐可比性,因此其试验结果的处理要采用回归分析方法——线性回归或多项式回归分析,对于交互关系较多的还需用逐步回归等筛选变量的技巧,这样导致计算量将会很大,常常借助计算机来完成。回归分析中可对所建立的模型中各因素进行回归显著性检验,根据因素偏回归平方和的大小确定各因素对回归的重要性,当因素间无相关关系时,因素偏回归平方和的大小也体现了它对试验指标影响的重要性。

均匀试验设计的基本步骤与正交试验设计一样,包括试验方案设计与结果分析两部分。

1) 试验方案设计

(1) 根据试验目的确定试验指标。由试验研究出发,根据试验目的选定衡量试验效果好坏的指标,即试验指标。

(2) 选择试验因素。根据专业知识、以往研究结论和经验,筛选对试验指标有影响的因素来设计试验。

(3) 确定因素水平。进行均匀设计时,试验范围要尽可能宽一些,以防止最佳条件的遗漏。每个因素的水平可适当多取一些,使试验点分布更均匀,若某个或某些因素多,取水平有困难时,可以少取几个水平,即各因素的水平数也可以不一样。

(4) 选择均匀设计表。选择均匀设计表是均匀设计关键的一步,应根据欲研究的因素数和试验次数来选择。均匀设计方案没有整齐可比性,试验结果的分析必须选用多元回归分析法进行,找出描述多个(k 个)因素($x_1, x_2, \cdots, x_k$)与响应值 y 间的统计关系。若各因素与响应值 y 之间统计关系是线性的,那么,多元回归方程为

$$y = b_0 + b_1 x_1 + b_2 x_2 + b_3 x_3 + \cdots + b_m x_k \qquad (6-1)$$

要求出这 m 个(不包括 b_0, b_0 可由这 m 个回归系数求出)回归系数 $b_i (i = 1, 2, \cdots, m)$,就要列出 m 个方程。为了对求得的方程进行检验,还要增加一次试验,共需 $m+1$ 次试验,应选择试验次数 n 大于或等于 $m+1$ 的均匀设计表。由于方程是线性的,方程个数就是因素个数 k。

当各因素与响应值之间的关系为非线性时,或因素间存在交互作用时,可建立多元高次方程。例如各因素与响应值为二次关系时,回归方程为

$$y = b_0 + \sum_{i=1}^{k} b_i x_i + \sum_{i=1}^{T} \sum_{j=1, i \neq j} b_{(i,j)} x_i x_j + \sum_{i=1}^{k} b_i x_i^2 \qquad (6-2)$$

$$T = \frac{k(k-1)}{2} \qquad (6-3)$$

式中:$x_i x_j$ 反映因素间的交互关系,x_i^2 反映因素二次项的影响。回归方程的回归系数(不计常数项 b_0)总计为

$$m = k + k + \frac{k(k-1)}{2} \qquad (6-4)$$

式中:k 为因素个数,最后一项为交互作用个数。这就是说,为了求得二次项和交互作用项,必须选用试验次数大于回归方程系数总数的均匀设计表,均匀设计表可用代号 $U_n(q^s)$ 表示,其中"U"表示均匀设计,"n"表示要做 n 次试验,"q"表示每个因素有 q 个水平,"s"表示有 s 个因素(s 列)。例如,考察 3 个因素时,若各因素与响应值为线性关系,回归方程系数与因素个数相同,即 $m=3$,可选用试验次数为 5 的 $U_5(5^4)$ 表安排试验;若各因素的二次项对相应值也有影响时,回归方程的系数是因素数的 2 倍,即 $m=2k=6$,试验次数应大于 m,所以至少应选用 $U_7(7^6)$ 表安排试验,如表 6 - 2 所列;如果因素之间的交互作用也要考虑,回归方程的系数个数 m 可由公式计算,$m=9$,试验次数应大于 9,所以至少选用 $U_{10}(10^{10})$ 表安排试验。由此可见,因素的多少和因素方次的大小直接影响试验工作量。为了尽量能减少试验次数,在安排试验之前,应该用专业知识判断一下各因素对响应值影响的大致情况,各因素之间是否存在交互作用,删去影响不显著的因素和影响小的交互作用项及二次项,以便减小回归方程的系数,从而减少试验次数。

表 6 - 2　均匀设计表 $U_7(7^6)$

	1	2	3	4	5	6
1	1	2	3	6	4	7
2	2	4	6	5	1	3
3	3	6	2	4	5	1
4	4	1	5	3	2	6
5	5	3	1	2	7	4
6	6	5	4	1	3	2
7	7	7	7	7	6	5

(5) 制定试验方案。均匀表制定以后,若为等水平表,则根据因素个数在使用表上查出可安排因素的列号,再把各因素依其重要程度为序,依次排在表上。通常先排重要的、希望首先了解的因素;若为混合水平均匀设计表,则按水平把各因素分别安排在具有相应水平的列中。各因素所在列确定后,将安排有因素的各列水平代码换成相应因素的具体水平值,即得到试验设计方案。

尚需指出,在均匀设计中,均匀设计表中的空列(没有安排因素的列)既不能用于考察交互作用,也不能用于估计试验误差。

2) 试验结果分析

由于均匀设计的试验点没有整齐可比性,所以试验结果的分析不能采用方差分析法,通常采用直观分析法和回归分析法。

（1）直观分析法。如果试验的目的只是为了寻找一个较优的工艺条件，而又缺乏计算工具，这时可以采用直观分析法，即从已做的试验点中挑一个试验指标最好的试验点，该点相应的因素水平组合即为欲寻找的较优工艺条件。由于均匀设计的试验点充分均匀分布，所以，由已做的试验点中筛选出的优化工艺条件与整个试验范围内通过全面试验寻优的优化工艺条件逼近。这个方法看起来粗糙，但大量实践证明，它是十分有效的方法。

（2）回归分析法。在条件允许的情况下，均匀设计的试验结果分析最好采用回归分析法。通过对试验结果进行回归分析，可解决如下问题：

① 获得反映各试验因素与试验指标之间关系的回归方程。

② 由标准回归系数的绝对值大小，可判断出试验因素对试验指标影响的主次顺序。

③ 根据回归方程的极值点可以得出优化工艺条件。

3. 回归试验设计

回归设计，也称为响应曲面设计，就是在因子空间选择适当的试验点，以较少的试验处理，建立一个有效的回归方程，从而解决生产中的优化问题。它是在多元线性回归的基础上用主动收集数据的方法获得具有较好性质的回归方程的一种试验设计方法。回归设计有回归正交设计、回归旋转设计、回归 D - 最优化设计等。回归正交设计是回归设计中最简单、最基本、最常用和最有代表性的设计方法，它是回归分析与正交设计有机结合而形成的一种新的试验设计方法。

回归试验设计步骤：

（1）确定因素水平范围。如果研究 p 个因素 $z_1, z_2, \cdots, z_p$ 与试验指标 y 的关系式，首先确定每个因素的变化范围，即因素的上水平和下水平。因素 j 的上限水平记作 z_{2j}，下限水平记作 z_{1j}，上、下水平的平均值记作零水平 z_{0j}，即

$$z_{0j} = \frac{z_{2j} + z_{1j}}{2} \qquad (6-5)$$

将上水平与零水平之差称为变动区间，记作 Δ_j

$$\Delta_j = z_{2j} - z_{0j} \text{ 或 } \Delta_j = \frac{z_{2j} - z_{1j}}{2} \qquad (6-6)$$

（2）因素编码。编码就是对自然因素 z_j 的各个实际水平值进行适当的线性变换。其线性变换公式为

$$x_j = \frac{z_j - z_{0j}}{\Delta_j} \qquad (6-7)$$

式中：z_j 为自然空间取值；x_j 为编码空间取值。

对各个自然因素进行编码后,在以 $z_1, z_2, \cdots, z_p$ 为坐标轴的因子空间中选择适当试验点的回归问题就转化为以 $x_1, x_2, \cdots, x_p$ 为坐标的编码空间中选择适当试验点的回归设计问题,试验方案的设计、方程的回归以及其统计检验,都相应转化为在编码空间中进行。这样的设计简化了计算环节,运算更为简便。

正是由于因素的编码,使回归设计有了正交性,为简化数据分析创造了条件。因素水平编码表如表 6 - 3 所列。

表 6 - 3　因素水平编码表

水平	因素			
	z_1	z_2	$\cdots$	z_p
下水平(-1)	z_{11}	z_{12}	$\cdots$	z_{1p}
上水平(+1)	z_{21}	z_{22}	$\cdots$	z_{2p}
变化区间 Δ_j	Δ_1	Δ_2	$\cdots$	Δ_p
零水平(0)	z_{01}	z_{02}	$\cdots$	z_{0p}

(3) 选择适宜正交表,列出试验方案。一次回归正交试验设计是运用二水平正交表设计试验的。在运用二水平正交表进行回归设计时,需以" -1"代换正交表中的"2",以" +1"代换正交表中的"1",并增加"0"水平重复试验,这种变化适应了对因素水平编码的需要,代换后正交表中的" +1"和" -1"不仅表示因素水平的不同状态,而且表示因素水平数量变化后的大小。一次回归正交设计中的正交表的选择和方案设计同正交试验设计相似,首先根据因素个数和交互作用情况选择适当的正交表,随后将各因素及交互作用分别安排到正交表的相应列上,然后将各因素的每一水平真实值填入相应的编码中,这样就得到了一次回归正交设计的试验方案。

设置零水平重复试验的主要作用:一是在于对试验结果进行统计分析时能够了解经 F 检验显著的一次回归方程在被研究区域内的拟合情况;二是可以提供剩余自由度来估计误差,以便进行显著性检验。零水平重复试验,就是指对所有供试因素的水平编码值均取零时的处理组合重复进行若干次试验。至于零水平重复试验应取多少次,一般主要根据对试验的要求和实际情况而定。

试验方案设计好后,按方案进行试验,填写试验结果再进行计算和分析。

(4) 回归系数的计算与显著性检验。如果采用二水平正交表编制 p 元一次回归正交设计,具有 N 次试验,其试验结果为 $y_i (i = 1, 2, \cdots, N)$,则一次回归的数学模型可表示为

$$y_i = \beta_0 + \sum_{j=1}^{p} \beta_j x_{ij} + \sum_{k<1} \beta_{kj} x_{ik} x_{ij} + \varepsilon_i$$

$$(i = 1,2,\cdots,N; j = 1,2,\cdots,p; k = 1,2,\cdots,p) \tag{6-8}$$

式中：x_{ij} 为第 i 次试验中第 j 个变量的编码值；$x_{ik} x_{ij}$ 为第 i 次试验第 j 个变量与第 k 个变量的交互之积(交互作用项)；β 为回归系数；ε 为随机误差。

6.1.4 交会对接仿真试验设计

交会对接仿真试验包括正常飞行过程仿真、飞行方案分析、故障预案仿真和边界条件仿真等。试验中存在着定轨误差和控制误差等影响因素。为保证试验的全面性、严谨性和准确性，绝大部分的试验工况采用的是正交试验设计方法，最典型的有追踪航天器远距离导引终点参数拉偏试验和目标航天器的伴随卫星轨道控制极限偏差试验。

1. 追踪航天器远距离导引终点参数拉偏试验

本试验的目的主要有 3 个方面：一是验证追踪航天器远距离导引终点参数拉偏情况下转入自主控制后控制策略和控制参数的正确性；二是分析追踪航天器远距离导引终点参数拉偏情况下转入自主控制推进剂的消耗量及对交会对接任务的影响；三是演示追踪航天器远距离导引终点参数拉偏情况下飞船自主控制过程。

针对追踪航天器远距离导引终点位置速度六参数进行极限拉偏试验，每个参数取两个极限值，采用正交试验设计方法，共进行 12 次试验。在试验的初始条件设置完成后，需要针对每一组不同的初始配置，重复多次试验过程。拉偏试验设计正交表如表 6-4 所列。

表 6-4 追踪航天器远距离导引终点参数拉偏试验设计正交表

序号	迹向相对位置偏差	径向相对位置偏差	法向相对位置偏差	迹向相对速度偏差	径向相对速度偏差	法向相对速度偏差
1	$-x$	$-y$	$-z$	$-v_x$	$-v_y$	$-v_z$
2	$-x$	$-y$	$-z$	v_x	v_y	v_z
3	$-x$	y	z	$-v_x$	$-v_y$	v_z
4	$-x$	y	z	v_x	v_y	$-v_z$
5	x	$-y$	z	$-v_x$	v_y	$-v_z$
6	x	$-y$	z	v_x	$-v_y$	v_z
7	x	y	$-z$	$-v_x$	v_y	v_z
8	x	y	$-z$	v_x	$-v_y$	$-v_z$

（续）

序号	迹向相对位置偏差	径向相对位置偏差	法向相对位置偏差	迹向相对速度偏差	径向相对速度偏差	法向相对速度偏差
9	0	0	z	0	0	v_z
10	0	0	$-z$	0	0	$-v_z$
11	x	y	0	v_x	vy	0
12	$-x$	$-y$	0	$-v_x$	$-v_y$	0

2. 伴随卫星轨道控制极限偏差试验

本试验的目的主要有两个方面：一是仿真伴随卫星在测定轨和控制极限偏差情况下的相对运动轨迹特性；二是分析极限偏差情况下伴随卫星与目标航天器的碰撞风险，验证伴随卫星释放与控制过程的轨迹安全性。

试验因素主要包括：目标航天器的轨道半长轴测定轨误差，伴随卫星轨道半长轴测定轨误差，以及伴随卫星的控制误差。针对每种因素的组合情况，一共需要 8 组试验。试验设计正交表如表 6 - 5 所列。

表 6 - 5 伴随卫星轨道控制极限偏差试验设计正交表

序号	目标器半长轴误差（$\pm \delta a_T$）	伴星半长轴误差（$\pm \delta a_S$）	伴星控制误差（$\pm \delta c$）
1	δa_T	δa_S	δc
2	δa_T	δa_S	$-\delta c$
3	δa_T	$-\delta a_S$	δc
4	δa_T	$-\delta a_S$	$-\delta c$
5	$-\delta a_T$	δa_S	δc
6	$-\delta a_T$	δa_S	$-\delta c$
7	$-\delta a_T$	$-\delta a_S$	δc
8	$-\delta a_T$	$-\delta a_S$	$-\delta c$

此外，交会对接仿真试验中还涉及均匀试验设计方法，如组合体姿态控制故障分析试验。由于涉及姿态控制故障的影响因素比较多，并且故障初始姿态角范围较大，因此，该试验采用均匀试验设计方法进行试验设计。

6.2 交会对接仿真数据处理方法

6.2.1 输入数据分析

1. 确定随机变量的统计特征

大多数仿真模型是用随机变量作为输入数据的，为保证输入数据的准确性与合理性,仿真模型中每个随机变量的统计特征必须加以确定。为此要设计一种特定的分布形式(如指数分布),估计其分布参数(如样本均值和样本方差),并检验假设的有效性。可以使用各种检验的方法(如 t 检验、F 检验、χ^2 拟合优度检验等)判别一组数据是否作为给定分布随机变量加以接收。

2. 分组试验设计

为了提高仿真试验的效果,要适当规定若干组试验,使每组试验具有相同的初始数据,不同组试验具有不同的初始数据,不同组试验表示按不同的条件运行系统模型。如何正确规定试验分组对于系统仿真是很重要的。如果系统已有若干个设计方案,那么对每个方案可以安排一组试验。如果没有这样的现成方案,通常可以用搜索理论来安排试验,即用优化方法尽快找到使目标函数达到最优化的因素组合。

3. 试验初始状态设置

大多数系统在受到激励,达到稳态之前都要经历一个过渡期,在该过渡期内系统输出变量有很大变化。很多仿真的运行常常是在系统置空状态下开始的,这种情况不能代表所要研究系统的正常工作状态。在达到稳态以前,这种仿真输出会有很大的起伏。如果一个系统现时的特征与它的起始条件无关,便认为该系统达到稳态了。为了使仿真模型运行符合系统的实际情况,必须降低起始偏移对仿真输出结果的影响,就必须设置符合系统实际的初始状态,有如下 3 种方法:

(1)当仿真由空闲状态开始时,可以用足够长的一段仿真运行时间,使得在估计均值和方差时初始偏移的作用减小到可以忽略的地步。仿真的实际时间长度由试验及预定的置信水平和仿真的费用来确定。

(2)仿真从所研究系统的稳态附近开始,即设置与实际相接近的初始状态。这要求对系统的特性具有很好的经验知识。

(3)让模型预运行一段时间,在这段时间不记录仿真的输出数据,等模型进入稳态后才记录仿真的输出数据。可应用画图、打印等方式监视仿真过程中变量的数值变化情况,以便确定运行时间。

6.2.2 输出数据分析

1. 输出数据不稳定及自相关的处理方法

随机输入驱动的仿真将产生随机输出,因此,想要恰当地分析与正确使用仿真结果,必须应用统计技术处理仿真输出数据。然而,几乎所有实际系统的输出过程和仿真系统的输出过程都是不稳定的和自相关的,因此所有经验统计检验都是不可直接使用的。下面讨论可用来解决这个问题的两种统计方法。

1）对比验证法

由仿真运行产生的一系列输出结果可以认为是来自总体的一系列观察值。因此,大多数仿真分析人员根据真实系统的观测数据和仿真系统的输出数据分别计算一个或几个相应的统计量(如样本均值、样本方差、样本相关函数和直方图),然后用所得到的仿真系统的统计量与真实系统的统计量对比,而不使用正规的统计法。这种对比验证法的缺点在于不同统计量的值有时可能相近,体现不了两者的差异。因此,对于真实系统和仿真系统的观测数据的固有随机性来说,这个方法的说服力不强。但总的来说,对比验证法可为某些仿真研究提供模型是否适用的有价值的信息。事实上,对某些仿真研究来说,由于能从真实系统的运行中获得数据的数目受到严格的限制,因而对比验证法可能是唯一可行的方法。

2）置信区间法

在有可能从模型和系统中收集数据的情况下,置信区间法是一种对比仿真系统与真实系统的更可靠的方法。假设收集了来自真实系统的 m 个独立数据集合,来自仿真系统的 n 个独立数据集合。令 x_j 是真实系统数据的第 j 个集合中的观测数据的平均值,y_j 是仿真系统数据的第 j 个集合中的观测数据的平均值,设 x_j 是均值为 $\mu_x = E(x_j)$ 的独立的、同一分布的随机变量。设法为 $\delta = \mu_x - \mu_y$ 构造一置信区间,以对比仿真系统与真实系统;有理由认为为 δ 构造一置信区间比检验假设 $H_0 : \mu_x = \mu_y$ 更可取。可用成对 t 法或 Welch 法对 δ 构造置信区间。成对 t 法要求 $m = n$,但允许 x_j 与 y_j 相关。Welch 法只要求 $m \geq 2$ 和 $n \geq 2$,任何情况下都可用,但要求 x_j 与 y_j 相互独立。

假设已为 δ 构造了一个置信水平为 $100(1 - \alpha)\%$ 的置信区间,并令 $l(\alpha)$ 和 $\mu(\alpha)$ 分别代表置信区间的上、下界。如果 $0 \notin [l(\alpha), \mu(\alpha)]$,则观察出的 μ_x 与 μ_y 的差 $\bar{x}(m) - \bar{y}(m)$ 被说成是统计有效的。这等效于拒绝假设 $H_0 : \mu_x = \mu_y$,而支持假设 $H_0 : \mu_x \neq \mu_y$。如果 $0 \in [l(\alpha), \mu(\alpha)]$,观察出的 μ_x 与 μ_y 之间的差是统计有效的,为实用起见,也不能认为此仿真系统不是真实系统的有效描述。如果仿真系统与真实系统间的差别大得能使用由模型导出的一切推断都无效,就说此仿真系统与真实系统间的差别是实际有效的。

如果置信区间不够小,不能推断实际有效性,就需要再获得一些 x_j 与 y_j。然而必须注意,对于 Welch 法来说,单靠增多的 x_j 与 y_j 不可能使置信区间任意小。因此,如果系统的数据集合数 m 不能增加,就不能靠做越来越多的仿真系统重复试验来判断实际有效性。

置信区间法的缺点是要做多次重复试验、需要大量数据,而且不提供关于两个对比输出过程自相关特性的信息。

2. 终止型仿真结果分析

终止型仿真的运行时间长度是事先明确的。由于运行时间长度有限,系统的性能与运行时间长度有关,系统的初始状态对系统性能的影响是不能忽略的。为了消除由于系统的初始状态对系统性能估计造成的影响,需要多次独立运行仿真模型,理论上讲独立运行次数应为无穷。在实际中如何确定运行次数以便得到较好的性能估计,是终止型仿真结果分析需要讨论的问题。终止型仿真的要求是每次运行的初始条件相同,但每次运行必须是相互独立的,可通过每项采用不同的独立随机数序列来实现。设 x_i 是第 i 次运行时得到的系统的某一性能参数的仿真结果,由于每次运行相互独立,可以认为 x_i 是独立同分布的随机变量,从而可以用经典的统计分析理论构造 $E(x)$ 的置信区间。根据对置信区间的要求,终止型仿真结果分析有两种基本方法,即重复运行法和序贯程序法。

1) 重复运行法

重复运行法是指选用不同的独立随机数序列,采用相同的参数、初始条件以及用相同的采样次数 n 对系统重复仿真运行。

对于终止型仿真,由于每次仿真运行的初始条件和参数是相同的,每次仿真运行的结果也必然是相近的,相互之间的偏差不会很大。由于大量重复地做仿真试验,因此根据中心极限定理可以假设仿真结果 $x_1, x_2, \cdots, x_n$ 近似服从正态分布的随机变量。随机变量 x 的期望值 $E(x)$ 的估计值 μ 为

$$\mu = \bar{x}(n) \pm t_{n-1, 1-\frac{\alpha}{2}} S(n) / \sqrt{n} \tag{6-9}$$

式中:α 为显著水平,而

$$\bar{x}(n) = \frac{1}{n} \sum_{i=1}^{n} x_i \tag{6-10}$$

$$S^2(n) = \frac{1}{n-1} \sum_{i=1}^{n} \left[x_i - \bar{x}(n) \right]^2 \tag{6-11}$$

2) 序贯程序法

在终止型仿真结果分析的重复运行法中得到的置信区间长度不仅与 x_j 的方差 S 有关,而且与仿真运行次数有关。其中方差 S 取决于仿真模型的,而运行次数则是由用户规定的。为了减小置信区间的长度,需要加大 n。这样就产生了另一方面的问题,即在一定的精度要求下,规定仿真结果的置信区间,设法确定能够达到精度要求的仿真次数。这样做可以对置信区间的长度进行控制,避免得出不适用的结论。

置信区间的半宽称为置信区间的绝对精度,用 β 表示,而置信区间的半宽与点估计的绝对值之比称为置信区间的相对精度,用 γ 表示。

序贯程序法的目标:在一定精度要求下,规定仿真结果的置信区间,设法确定能够达到仿真精度要求的仿真次数。

样本 x 的 $100(1-\alpha)\%$ 置信区间的半长为

$$\beta = t_{n-1,1-\frac{\alpha}{2}}S/\sqrt{n}(\text{绝对}),\gamma = \beta/\bar{x}(n)(\text{相对}) \tag{6-12}$$

设限定置信区间的长度为 $[\hat{x}-\varepsilon_\beta,\hat{x}+\varepsilon_\beta]$,并给定精度 $(1-\alpha)$。为了达到此精度,需要取足够大的仿真运行次数 n,使其满足

$$p(\,|\hat{x}-\bar{x}|<\varepsilon)\geqslant 1-\alpha \tag{6-13}$$

假设仿真已运行了 $n_0(n_0\geqslant 2)$ 次,为了满足式(6-13),必须选择运行次数 n,使得 $n\geqslant n_0$,且

$$\beta_n = t_{n-1,1-\frac{\alpha}{2}}S(n)/\sqrt{n}\leqslant \varepsilon_\beta \tag{6-14}$$

或

$$\gamma_n = \beta_n/\bar{x}(n)\leqslant \varepsilon_\gamma \tag{6-15}$$

序贯程序法的步骤如下:

(1)预定独立仿真运行的初始次数 $n_0\geqslant 2$,并置 $n=n_0$,独立运行 n 次。

(2)由 n 次运行的样本 $x_1,x_2,\cdots,x_n$ 计算相应的 $S^2(n),\bar{x}(n)$。

(3)计算 β_n 和 γ_n。

(4)若 $\beta_n\leqslant \varepsilon_\beta$ 或 $\gamma_n\leqslant \varepsilon_\gamma$,则得到置信水平为 $1-\alpha$ 的满足精度要求的置信区间 $[\hat{x}-\varepsilon_\beta,\hat{x}+\varepsilon_\beta]$,从而确定了相应的仿真次数 n;否则令 $n=n+1$,再进行一次独立的仿真得到样本 x_{n+1}。

(5)返回步骤(2)直至结束。

3. 稳态型仿真结果分析

稳态型仿真通常具有较长的运行时间。其仿真结果分析的主要目的是考察系统状态变量的估计值,以及系统达到稳态时(指定精度)所需要的时间。在仿真运行过程中,每相隔一段时间即可获得一个观测值 Y_i,从而可以得到一组自相关时间序列的采样值 $y_1,y_2,\cdots,y_n$,其稳态平均值定义为

$$v = \lim_{n\to\infty}\frac{1}{n}\sum_{i=1}^{n}y_i \tag{6-16}$$

如果 v 的极值存在,则 v 与仿真的初始条件无关。

下面介绍 4 种用于稳态仿真结果分析计算的方法。

1)批均值法

一般来说,对于稳态仿真若采用类似重复运行法利用全部观测值进行估计,

得到的估计值 y^* 与实际的稳态值 y 之间会有偏差，即

$$b = y^* - y \qquad (6-17)$$

式中：b 为在点估计 y^* 中的偏差。

这个偏差是由人为或任意初始条件所引起的，希望得到一个无偏估计，至少也希望偏差值 b 相对于 y 值尽可能小。如果在点估计中有明显的偏差，采用大量的重复运行来减少点估计的变化范围，可能会导致错误的置信区间。这是因为偏差不受重复运行次数的影响，增加重复运行次数只会使置信区间围绕错误的估计点 $(y+b)$ 变短，而不会围绕 y 变短。为了降低偏差的影响，可以采用批均值法，其基本思想阐述如下：

设仿真运行时间足够长，可以得到足够多的观测值 $y_1, y_2, \cdots, y_n$，将 $y_i (i = 1, 2, \cdots, m)$ 分为 n 批，每一批中有 L 个观测值，每批观测数据如下：

第一批 $y_1, y_2, \cdots, y_L$

第二批 $y_{L+1}, y_{L+2}, \cdots, y_{2L}$

$\vdots$

第 n 批 $y_{(n-1)L+1}, y_{(n-1)L+2}, \cdots, y_{nL}$

对每批数据进行处理，分别得到每批数据的均值，即

$$\bar{y}_j = \frac{1}{L} \sum_{k=1}^{L} y_{(j-1)L+k} \quad (j = 1, \cdots, n) \qquad (6-18)$$

由此可以得到总的样本均值，即

$$\bar{y} = \frac{1}{n} \sum_{j=1}^{n} \bar{y}_j = \frac{1}{m} \sum_{i=1}^{m} y_i \qquad (6-19)$$

式中：$\bar{y}$ 为 ν 的点估计。

为了构造 ν 的置信区间，需要假设 $\bar{y}_j$ 是独立的且服从正态分布的随机变量，并且有相同的均值和方差。此时 ν 的 $100(1-\alpha)$ 置信区间的解析式为

$$\nu = \bar{y} \pm t_{n-1, 1-\frac{\alpha}{2}} \sqrt{S_{y_j}(n)/n} \qquad (6-20)$$

$$S_{y_j}^2(n) = \frac{1}{n-1} \sum_{j=1}^{n} (\bar{y}_j - \bar{y})^2 \qquad (6-21)$$

式中：n 为观测值的批数。

为了提高批均值法的有效性，要求如下：

（1）为使 $\bar{y}$ 独立，要求每批长度要 L 足够大，L 到底要多大，不同系统的要求是不同的。

（2）为使 $\bar{y}$ 按正态分布，除要求 L 足够大外，批数 n 也足够大，即 $m = nL$ 足

够大。

（3）为使 $\bar{y}$ 具有相同的均值和方差，要求 $y_1,y_2,\cdots,y_m$ 是协方差平稳过程。

采用批均值法构造置信区间的原理比较简单，但在实际使用中常常会出现偏差。其原因是上述要求得不到满足。批均值法对置信区间的精度未加控制。下面讨论基于批均值法的稳态型序贯法，以满足规定精度置信区间的要求。

2）稳态序贯法

在利用批均值法进行计算时，假设每批观测值的均值是独立的，但实际上 $\bar{y}_1,\bar{y}_2,\cdots,\bar{y}_m$ 是相关的。为了得到不相关的 $\bar{y}_j$，直观的做法是保持批数 n 不变，不断增大 l，直到满足不相关的条件为止。

但如果 n 选择过小，则 $\bar{y}_j$ 的方差加大，结果得到的置信区间就会偏大，为此 n 也必须足够大。这样为了达到精度要求就必须选择足够大的 n 和 l，使得样本总量 $m=nl$ 特别大，而仿真时间消耗也是必须考虑的重要因素。

稳态序贯法是一种尽可能减少 m 的方法，较好地解决了批长度的确定以及仿真运行总长度的确定问题，并能满足规定的置信区间精度要求。

设某次稳态运行得到观测值是 $y_1,y_2,\cdots,y_m$，其批长度为 l，共 n 批，每批均值为 $\bar{y}_j(j=1,2,\cdots,n)$，总体样本均值为 $\bar{y}(n,l)$。

记任意两批之间的相关系数为 ρ_i，则

$$\rho_i = \mathrm{cov}\left[\bar{y}_i,\bar{y}_{i+1}\right] \quad (i=1,2,\cdots,n-1) \tag{6-22}$$

令

$$b(n,l) = E\left\{\hat{\sigma}^2\left[\bar{y}(n,l)\right]\right\} / \sigma^2\left[\bar{y}(n,l)\right] \tag{6-23}$$

式中

$$\hat{\sigma}^2\left[\bar{y}(n,l)\right] = S^2_{y_j(l)}(n)/n \tag{6-24}$$

设某次仿真运行的批长度为 l，已有观测值共 fn 批（$f\geqslant2$），根据批均值法的相隔 i 批的相关系数 $\rho_i(l)$ 来推断 n 批长度为 fl 的数据是否接近不相关。

$\rho_i(l)$ 随 l 变化的规律大致有以下 3 种情况：

① $\rho_i(l)$ 为递减函数，如图 6-3 所示。

② $\rho_i(l)$ 的值一次或多次改变方向，然后严格地减少到 0，如图 6-4 所示。

③ $\rho_i(l)<0$ 或随 l 变化无一定规律。

根据 $\rho_i(l)$ 的以上 3 种特性，基于批均值法的稳态序贯法原理如下：

（1）给定批数因子 n、f（辅助参数）以及仿真长度 m_1（m_1 是 nf 的整数倍）、$\rho_i(l)$ 的判断值为 μ，置信区间的相对精度为 γ，置信水平为 α。令 $i=1$。

（2）进行长度为 m_i 的仿真运行，获得 m_i 个观测值 $y_1,y_2,\cdots,y_m$。

（3）令 $l=m_i/(nf)$，计算 $\bar{y}_k(k=1,2,\cdots,nf)$，计算 $\rho_j(nf,l)$（可以取 $j=1$）。

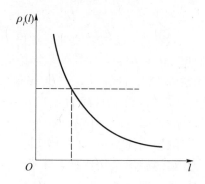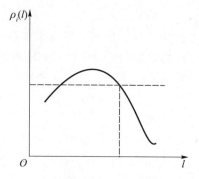

图 6-3 $\rho_i(l)$ 为单调递减函数　　图 6-4 $\rho_i(l)$ 多次改变方向然后为递减函数

（4）$\rho_j(nf,l) \geqslant \mu$，则说明 m_i 太小，需加大 m_i，可以令 $i=i+1$，且 $m_i=2m_{i-1}$，返回第（2）步获取其余 m_{i-1} 个观测值。

（5）若 $\rho_j(nf,l) \leqslant 0$，则表明增长仿真运行长度无助于 $\rho_i(l)$ 的判断，执行第（8）步。

（6）若 $0<\rho_j(nf,l)<\mu$，计算 $\overline{y}_k(2l)$（$k=1,2,\cdots,fn/2$），计算 $\rho_j(nf/2,2l)$（$j=1$），判断 $\rho_j(l)$ 是否具有第 2 类特征；若 $\rho_j(nf/2,2l) \geqslant \rho_j(nf,l)$，则说明 $\rho_j(l)$ 确实具有第 2 类特征，需进一步加大 m_i，令 $i=i+1$，$m_i=2m_{i-1}$，返回第（2）步获取其余 m_i-1 个观测值。

（7）若 $\rho_j(nf/2,2l)<\rho_j(nf,l)$，则说明 $\rho_j(l)$ 已具有第 1 类特征，且达到 $\rho_j(l)$ 判断值 n 的 l 已得到，可以相信 $\rho_j(nf,l)$ 的值满足独立性要求，此时用批均值法计算该 n 批长度为 fl 的置信区间。

（8）计算 $\overline{y}_k(n,fl)$、$\overline{y}(n,fl)$ 以及置信区间的半长 $\delta=t_{n-1,1-\alpha/2}\sqrt{S^2/n}$，最后得 $\gamma=\delta/\overline{y}(n,fl)$。

（9）如果 $\hat{\gamma}>\nu$，说明精度不满足要求，令 $i=i+1$，$m_i=2m_{i-1}$，返回第（2）步获取其余（m_i-1）个观测值。

（10）如果 $\hat{\gamma} \leqslant \nu$，则达到精度要求，可令估计值 $\nu=\overline{y}(n,fl) \pm \delta$，仿真停止。

稳态序贯法较好地解决了批长度的确定及仿真运行总长度的确定问题，并能满足规定的置信区间精度的要求。实际使用时，一般可选择 $n=40$，$f=10$，$\mu=0.4$，$\nu=0.75$，m_1 可根据系统的情况进行初选。实践表明这种方法的效果比较理想。

3）重复删除法

实践表明，不能由终止型仿真结果来估计系统稳态平均响应。原因在于，采用终止型仿真时，虽然每次运行是独立的，但其系统的初始状态是完全相同的，而这种初始状态不一定能代表系统稳态特性的状态。由于每次仿真长度有限，初始状态对仿真结果的影响未消除,所得到的结果必然是系统的有偏估计。

终止型仿真中这种初始状态的影响称为启动问题。为了克服这种初始状态对系统性能的影响,以便由多次终止型仿真来估计系统的稳定性能,人们提出了重复删除法。其基本思想如下:

设对某一系统进行 K 次独立的终止型仿真,每次长度为 m,得到下列观测值,即

$$y_{11}, y_{12}, \cdots, y_{1m}$$

$$y_{21}, y_{22}, \cdots, y_{2m}$$

$$\vdots$$

$$y_{K1}, y_{K2}, \cdots, y_{Km}$$

(6 – 25)

则 $y_{ji}(j = 1, 2, \cdots, K; i = 1, 2, \cdots, m)$ 是第 j 次运行得到的第 i 个观测值。在统计计算系统性能时,删除每一次运行的前 l 个观测数据,其中 $0 \leqslant l \leqslant m$,并令

$$\bar{y}_j(m, l) = \sum_{i = l+1}^{m} y_{ji} / (m - l) \tag{6 – 26}$$

$$\bar{\bar{y}}_j(K, m, l) = \sum_{i = l+1}^{k} y_j / ((m, l) \cdot K) \tag{6 – 27}$$

将 $\bar{y}_j(m, l)$ 作为每次运行的均值,$\bar{\bar{y}}_j(K, m, l)$ 作为系统稳态性能的估计值,其置信区间半长为

$$t_{K-1, 1-l/2} \sqrt{S^2_{y_j(m, j)}(K)/K} \tag{6 – 28}$$

式中

$$S^2_{y_j(m, j)}(K) = \frac{1}{K - 1} \sum_{i = 1}^{k} \left[\bar{y}_j(m, l) - \bar{\bar{y}}_j(K, m, l) \right]^2 \tag{6 – 29}$$

重复删除法只需要运行 K 次独立的终止型仿真,所需样本容量可以大大减少,问题是如何确定 l 的值。

考虑到系统稳态运行时某一时刻系统的状态仍具有随机性,如果用一个独立性和均匀性较好的随机数发生器产生 $[0, m]$ 区间内的随机整数 l,在每次仿真运行时,用该 l 来控制删除的观测数据个数,则可以认为所得到的 $\bar{y}_j(m, l)$ 是独立同分布的随机变量,由此 $\bar{y}_j(m, l)$ 得到的 $\bar{\bar{y}}_j(K, m, l)$ 是系统稳态性能的无偏估计。

4) 再生法

在批均值法中,将一次长度为 m 的稳态仿真结果分成等长的若干批数据进

185

行处理,批长度的确定对于这种方法是非常重要的,它直接影响批均值法的效能。但到目前为止,选取批长度的原则尚未完全确定,因此有必要考虑其他有效的方法。

在仿真过程中,随着仿真时钟的推进,系统的状态变量在不断地发生变化。如果在某一时刻观测到了系统一组状态变量的数值,而在其后的若干时间之后又重新观测到系统的完全相同的一组状态变量的数值,则称所观测的系统为再生系统。也就是说,在稳态仿真中,系统从某一初始状态开始运行,若干时间后重新达到该状态,这时可以认为系统的过程相对于以前的过程是独立的,这就相当于系统在此时刻重新运行,以后这种状况将重复,因此这个重复的过程称为系统的再生周期,而重复出现的时刻点称为再生点。

再生法的思想就是要找出稳态仿真过程中系统的再生点,由每个再生点开始的再生周期中所获得的统计样本都是独立同分布的,可以采用经典统计方法对参数进行估计并构造参数值的置信区间。

6.2.3 提高仿真精度的方差缩减技术

对仿真的输出结果进行统计分析的主要目的是获得系统状态变量高精度的统计特性,以便能够对仿真结果加以正确利用。但获取高精度的代价便是要花费大量的试验时间。对于复杂而庞大的系统更是如此,在这种情况下就不得不降低仿真结果的精度,甚至可能降低到无法接受的程度。为了消除这个矛盾,有必要采用方差缩减技术,即在相同的仿真运行次数下获得方差较小的仿真输出结果。

1. 公用随机数法

公用随机数法是最有用且最普遍的方差缩减技术,它可以应用于对两个以上不同系统模型进行比较。对于不同的系统模型来说,所观测到的仿真运行结果是有差异的。造成这种差异的原因可能有两个:一是系统模型构造上的差异;二是环境因素,这主要表现在对于系统的同一个随机特征量,不同的模型所取的随机变量值的不同。采用公用随机数法的目的就是在其他环境条件完全相同的情况下,尽量消除选取随机数造成仿真运行结果的差异,而使所观测的差异仅起因于系统模型本身的差异。

公用随机数法的思想就是,在不同模型的仿真运行过程中,采用相同的单位均匀分布种子随机数。

考虑两个模型,设 x_{1j} 和 x_{2j} 分别是从第 1 个模型和第 2 个模型的仿真运行中得到的 j 个独立再生周期中的数据,对 $\alpha = E(x_{1j}) - E(x_{2j})$ 进行估计。若对每个模型产生了 n 个再生周期,并令

$$z_j = x_{1j} - x_{2j}, \quad j = 1, 2, \cdots, n \tag{6-30}$$

则 $E(z_j) = \alpha$，而

$$\bar{z}(n) = \frac{1}{n} \sum_{j=1}^{n} z_j \tag{6-31}$$

是 α 的一个无偏估计。由于 z_j 是独立同分布的随机变量，故有

$$D[\bar{z}(n)] = \frac{D(z_j)}{n} = \frac{D(x_{1j}) + D(x_{2j}) - 2\text{cov}(x_{1j}, x_{2j})}{n} \tag{6-32}$$

如果两个模型的运行是独立的，则 x_{1j} 和 x_{2j} 是独立的，即 $\text{cov}(x_{1j}, x_{2j}) = 0$；而若能使 x_{1j} 和 x_{2j} 是正相关的，也就是使 $\text{cov}(x_{1j}, x_{2j}) > 0$，这样得到的估计 $z(n)$ 的方差就减小了。为了得到正相关，不同的系统模型尽量采用相同的随机数序列。

为了实施公用随机数法，需要使各个模型中的随机数同步，即在一个模型中使用于一个具体目的的随机数，在所有其他模型中也使用于这同一目的，在仿真中达到这种同步的一般原则如下：

（1）如果能够有几个可同时工作的不同随机数发生器，则可用一个发生器为一个指定的随机变量产生种子。不同的随机变量用不同的随机数发生器。

（2）事先产生出所需要的随机数并存储，在各个模型仿真运行时按需要取用它们。

（3）使用逆变换法产生随机变量，应为这种方法产生一个随机变量仅需要一个单位均匀分布的随机数。

2. 对偶变量法

对偶变量法是一种应用于单个系统模型仿真运行时的方差缩减技术。对于同一个系统模型，每次仿真运行中得到的观测数据是存在差异的，这种差异可能由随机数的选取引起，采用对偶变量法的目的就是尽量消除这种差异。对偶变量法的中心思想就是在系统模型的两次仿真运行过程中，设法使第一次运行中的小观测值能够被第二次运行中的大观测值所补偿，或者是反过来。这相当于采用两次运行中观测值的平均值作为分析的基准数据点，而这个平均值与所估计的观测值的期望更相接近。一般情况下，对偶变量法使用互补的随机数驱动系统模型的两次仿真运行。也就是说，如果 μ_k 是用于第一次运行中某一具体目的单位均匀分布随机数，则在第二次运行中将 $(1 - \mu_k)$ 用于同一目的。

考察系统模型所进行的两次仿真，设每次运行产生 n 个再生周期，这样可以构成一系列观测值对，$(x_1^{(1)}, x_2^{(2)}), \cdots, (x_n^{(1)}, x_n^{(2)})$。各种观测值对相互独立，令

$$x_j = (x_1^{(1)} + x_2^{(2)})/2, \quad j = 1, 2, \cdots, n \tag{6-33}$$

而

$$\bar{x}(n) = \frac{1}{n}\sum_{j=1}^{n} x_j \tag{6-34}$$

为 $\mu = E(x_j)$ 的点估计,由于 x_j 是独立同分布的随机变量,故有

$$D[\bar{x}(n)] = \frac{D(x_j)}{n} = \frac{D(x_j^{(1)} + x_j^{(2)} + 2\mathrm{cov}(x_j^{(1)}, x_j^{(2)}))}{n} \tag{6-35}$$

如果两次运行是独立的,则 $\mathrm{cov}(x_j^{(1)}, x_j^{(2)}) = 0$,若能设法使 $x_j^{(1)}$ 和 $x_j^{(2)}$ 之间形成负相关,即 $\mathrm{cov}(x_j^{(1)}, x_j^{(2)}) < 0$,方差便会减小。

3. 控制变量法

控制变量法是利用某些随机变量间的相关性达到减小方差的目的。这种相关性可能是仿真运行过程中本身产生的,或者利用在辅助的仿真中运用相关采样法来导出的。

设 x 是仿真的一个输出随机变量,并假定需要估计 $m_x = E(x)$,且 y 是另一个随机变量,它与 x 或者是正相关或者是负相关,且期望 $\mu = E(y)$ 是已知的,那么变量 $x_c = x - a(y - \bar{\mu})$ 对任意实数 a 都是 m_x 的一个无偏估计,而且

$$\mathrm{Var}(x_c) = \mathrm{Var}(x) + a^2\mathrm{Var}(y) - 2a\mathrm{cov}(x, y) \tag{6-36}$$

所以,如果满足条件

$$2a\mathrm{cov}(x, y) > a^2\mathrm{Var}(y) \tag{6-37}$$

则 x_c 比 x 有较小的方差。随机变量 y 称为 x 的控制变量。这是因为在与 x 相关和期望值已知的意义上,它部分地控制了 x。从以上的讨论中可以看出,运用控制变量法需要寻找一个好的控制变量以及合适的 a,以使方差最小。也就是使

$$\frac{\partial\mathrm{Var}(x_c)}{\partial a} = 0 \tag{6-38}$$

得到 a 的最佳值为

$$a^* = \frac{\mathrm{cov}(x, y)}{\mathrm{Var}(y)} \tag{6-39}$$

将式(6-39)代入式(6-36),得

$$\mathrm{Var}(x_c) = \mathrm{Var}(x) - \frac{|\mathrm{cov}(x, y)|^2}{\mathrm{Var}(y)} = (1 - \rho_{xy}^2)\mathrm{Var}(x) \tag{6-40}$$

式中:ρ_{xy} 为随机变量 x、y 之间的相关函数。

因此,只要 x 与 y 多少有点相关,用 a 的最佳值总会使方差减小。

6.2.4 交会对接仿真数据处理

在交会对接仿真数据处理中,由于仿真的各个任务阶段是已规划的,所以每

个阶段的试验起止时间也是预设好的,终止型仿真结果分析经常会被采用,用来对交会对接的仿真数据进行处理。下面结合两个具体实例进行说明。

1. 天宫二号与神舟十一号正常飞行过程仿真

天宫二号与神舟十一号正常飞行过程仿真是在标称情况下,对天宫二号发射至神舟十一号离轨返回全过程进行仿真,以验证各系统间、各飞行阶段间接口、总体方案及控制策略的正确性。在此试验中,比较重要的是神舟十一号远距离导引终端精度分析。由于存在定轨误差、航天器发动机控制误差,在远距离导引终端,神舟十一号与天宫二号相对状态偏差直接决定后续交会对接任务的成败。远距离导引终端为试验的终止条件,所以试验数据采用终止型仿真结果分析。

通过 n 次试验,对神舟十一号与天宫二号相对状态偏差进行统计,远距离导引终点各方向相对位置速度偏差情况如表 6-6 所列。

表 6-6 神舟十一号远距离导引终点相对位置速度偏差

	相对位置			相对速度		
	迹向	径向	法向	迹向	径向	法向
标称值	x_1	y_1	z_1	v_{x_1}	v_{y_1}	v_{z_1}
实际值	x_2	y_2	z_2	v_{x_2}	v_{y_2}	v_{z_2}
偏差值	ρ_x	ρ_y	ρ_z	ρ_{v_x}	ρ_{v_y}	ρ_{v_z}
偏差精度指标	Δ_x	Δ_y	Δ_z	Δ_{v_x}	Δ_{v_y}	Δ_{v_z}

试验中,可以在相对位置和相对速度的 3 个方向分别获得大量的实际值,例如相对位置迹向 x_2,则

$$x_2 = \bar{x}_2(n) \pm t_{n-1,1-\frac{\alpha}{2}} S(n)/\sqrt{n} \tag{6-41}$$

$$\bar{x}_2(n) = \frac{1}{n} \sum_{i=1}^{n} x_{2_i} \tag{6-42}$$

$$S(n) = \sqrt{\frac{1}{n-1} \sum_{i=1}^{n} \left[x_{2_i} - \bar{x}_2(n) \right]^2} \tag{6-43}$$

式中:n 为试验次数;α 为显著水平,通常取 0.1。

在 n 取较小值时,$S(n)$ 较大,逐渐增加试验次数 n,$S(n)$ 逐渐减小并趋于零。得到 x_2 后,可以计算偏差值 $\rho_x = |x_1 - x_2|$,对比偏差值与偏差精度指标,来判断神舟十一号远距离导引终端精度是否达到预定要求,如果 $\rho_x < \Delta_x$,则神舟十一号满足远距离导引终端精度要求;如果 $\rho_x > \Delta_x$,则不满足要求。

2. 神舟十一号阴影区手控交会对接仿真试验

本试验主要任务是分析在光学成像敏感器(CRDS)等设备故障情况下,在

阴影区进行手控交会对接的精度及可行性,验证神舟十一号飞行任务手控交会对接系统间接口的正确性。神舟十一号与天宫二号交会对接完成点为试验的终止条件,所以试验数据采用终止型仿真结果分析。

在仿真初始时刻,神舟十一号处于天宫二号后方停泊点,且神舟十一号与天宫二号手控交会对接过程安排在地球阴影区。仿真分以下两种情况:

(1) CRDS 数据异常不可用,航天员通过相对 GNSS、激光雷达、TV 摄像机视觉图像进行手控交会对接。

(2) 相对 GNSS、激光雷达、CRDS 数据异常不可用,航天员通过 TV 摄像机视觉图像进行手控交会对接。

两种情况航天员分别进行了 n 组试验,均成功实现对接,表明:CRDS 等设备故障情况下,航天员具备在阴影区完成手控交会对接的能力。两种情况下手控交会仿真试验的对接时长和推进剂消耗统计情况分别如表 6-7 和表 6-8 所列。

表 6-7 情况一 阴影区手控交会对接时长及推进剂消耗统计

试验次数	对接时长/s	推进剂消耗/kg	是否成功
1	t_1	m_1	是
2	t_2	m_2	是
…	…	…	是
n	t_n	m_n	是

表 6-8 情况二 阴影区手控交会对接时长及推进剂消耗统计

试验次数	对接时长/s	推进剂消耗/kg	是否成功
1	T_1	M_1	是
2	T_2	M_2	是
…	…	…	是
n	T_n	M_n	是

通过终止型仿真结果数据处理,可计算得到两种情况的对接时长估计值 μ_t、μ_T 和推进剂消耗估计值 μ_m、μ_M。根据试验结果,$\mu_t < \mu_T$,$\mu_m < \mu_M$,这是由于情况二中考虑了敏感器故障,对接条件较苛刻,因此,其对接时长和推进剂消耗都较大。

从中可以得出如下试验结论:

（1）在载人飞船 GNC 分系统 CRDS 数据异常不可用情况下，两位航天员均成功完成试验，表明航天员有能力在阴影区完成手控交会对接。

（2）在 GNSS、激光雷达、CRDS 等敏感器均出现故障情况下，试验员根据操作经验，成功完成了对接试验，但所花费时间和推进剂消耗比其他情况有所增加。

6.3　交会对接仿真项目管理方案

交会对接仿真项目涉及众多航天院所、科研机构与院校的参与，合理高效地实施非常重要。本节主要对项目组织、集成、时间、沟通和风险的管理方法展开论述，最后结合交会对接系统的实例加以说明。

6.3.1　项目管理概述

项目组织管理是在项目过程中为确保科学、合理和有序地开展项目工作而开展的一种专门的项目管理工作。项目实施必须要有基本的组织保障，所以项目组织管理必须从 4 个层面上为项目提供组织保障：一是项目全体相关利益主体所构成的项目全团队的组织管理工作，因为只有组织和管理好所有项目相关利益主体并使他们为项目的成功而努力，项目才会真正具有组织方面的保障；二是项目实施组织的组织管理工作，管理好项目实施组织才能使项目的实施有足够的组织保障；三是项目实施团队的组织管理工作；四是项目团队经理的组织管理工作。因为后两者是项目实施的直接责任者，所以项目团队和项目经理的管理更是项目实施的直接组织保障。

项目集成管理是在项目管理过程中为确保各种项目工作能够很好地协调与配合而开展的一种整体性、综合性和集成性的项目管理工作。这种项目集成管理与一般的项目系统管理有所不同，它是一种基于项目各个要素的严格配置关系的一种项目系统管理。它既包括对项目质量、范围、成本、时间各种项目要素的集成管理，也包括对项目采购、项目沟通、项目风险和项目人力资源等项目工作的集成管理。开展项目集成管理的目的是要通过综合、协调与集成去管理好项目各方面的工作，以确保整个项目的全面成功，而不仅仅是项目的某个阶段或某个方面的成功。这一项目管理工作的主要内容包括：项目集成计划的编制、项目集成计划的实施和项目总体变更的管理与控制等。

项目时间管理是在整个项目管理中为确保项目按既定的时间得以完成而开展的一项专门的项目管理工作。项目时间管理既包括对项目时点性指标的管理（进度管理），也包括对项目时期性指标的管理（工期管理）。开展项目时间管理的根本目的是要通过做好项目进度的计划与安排和项目工期的监督与控制等管理工作,确保项目在时间管理方面的成功。这一项目专项管理的主要内容包括:项目活动的分解与界定、项目各项活动的排序、项目活动的时间估算、项目时间计划的编制、项目时间计划的监督与控制以及项目时间的变更控制等。

项目沟通管理也称为项目信息管理,这是在项目管理过程中为确保及时有效地生成、收集、存储、处理和使用项目信息,以及合理地进行项目相关利益主体之间的沟通而开展的一项项目专项管理工作。项目共同管理既包括对项目信息的管理,也包括对项目相关利益主体之间的沟通管理,而且这种沟通不仅有信息的沟通,还有相互之间感情和思想的沟通。开展项目沟通管理的根本目的包括两个:其一是要更好地获得和使用项目的各种决策所需的信息以做出正确的项目决策;其二是为了更好地实现项目相关利益者之间的沟通,从而能够确保项目的成功。这一项专项管理的主要内容包括:项目信息需求的确定、项目沟通的计划、项目信息的加工与处理、项目信息的使用、项目信息报告以及项目沟通管理等。

项目风险控制是在项目过程中对项目的不确定性以及由此而可能造成的项目损失的一种项目专项管理方法。这是一种为确保项目成功而开展的识别、度量和应对项目风险的项目专项管理工作。

6.3.2　交会对接仿真项目管理实例

本节主要阐述交会对接仿真项目的管理方法。

1. 组织管理

载人航天工程总体作为项目总体,主要负责仿真任务的下达,并对仿真试验项目进行顶层规划。交会对接联合仿真涉及航天员、空间应用、载人飞船、货运飞船、运载火箭、发射场、测控通信、着陆场和空间实验室等系统。为加强仿真项目管理,由项目总体组织成立仿真协调组、项目组,仿真协调组主要负责指导并组织开展系统仿真建设、对重大节点和项目进行评估检查、协调解决工作中遇到的各类重大问题等,项目组在协调组的指导下按计划开展工作,主要负责系统仿真的建设方案制定、软硬件研制、仿真任务分析、仿真试验及结果分析等。

2. 集成管理

交会对接项目的执行与控制是项目实施的主要过程。按照交会对接项目管理体系,进行了全寿命、全要素、全系统的管理。集成管理计划是项目实施的前提和基础,项目计划制定过程如图6-5所示。

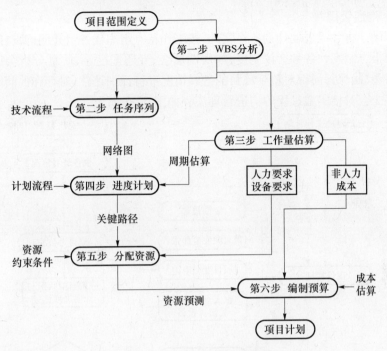

图 6 - 5　项目计划制定流程图

3. 时间管理

明确目标之后,严格按照策划实施,图 6 - 6 所示为计划执行流程。强化动态管理和考核项目从总计划、阶段划分、技术方案、技术经济性、研制流程及重大节点、重大地面试验项目、飞行试验安排等方面进行全面分析策划,对项目组织实施中可能存在的风险、技术难点、瓶颈以及存在的问题进行分析,充分考虑所有研制生产的可能影响因素,并形成工程实施策划、工程年度策划等,明确主要任务节点、风险点、质量控制点等详细要求,在充分征求各承研承制单位的意见与建议的基础上,严格实施。

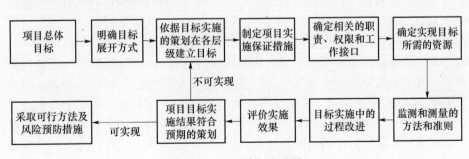

图 6 - 6　计划执行流程图

193

4. 沟通管理

为保证将各级进度计划落在实处,按工作特点组织任务组并明确责任,采用详细的报告制度和各种会议制度,如周调度会、专题调度会、质量分析会以及各种评审会,确保每周都对整个项目的进展情况进行详细评估,对存在的问题及时解决。交会对接实施过程的沟通管理流程如图6-7所示。

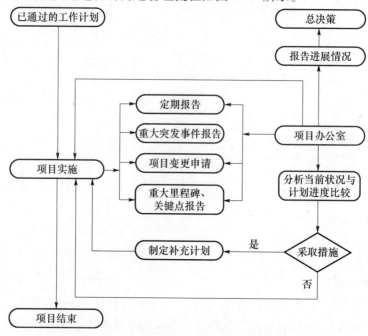

图6-7 交会对接实施过程的沟通管理流程图

5. 风险管理

交会对接仿真项目风险控制系统流程如图6-8所示。该系统由3个子模块组成,分别是风险识别模块、风险分析模块和风险处置模块。风险识别模块主要从交会对接仿真项目工作结构分析和风险案例统计两个角度对项目的风险进行识别,最后建立起整个项目的风险分析指标体系。风险分析模块主要是对交会对接仿真项目风险进行评估,估计整个项目风险的大小,首先从项目的费用、进度和性能指标3个方面对项目的风险状况进行评估,最后汇总出整个项目风险的大小。在风险处置模块部分,首先要根据各方面的情况,设定出项目综合风险的一个阈值,根据风险分析模块得出的结果,比较项目的风险水平是否超过了设定的风险水平,如果没有超过则继续往下进行,如果超过则需要根据风险因素的特点采取具有针对性的风险处置措施,采取措施后再返回第二模块对风险进行重新评估,重复前面的过程直至项目结束。

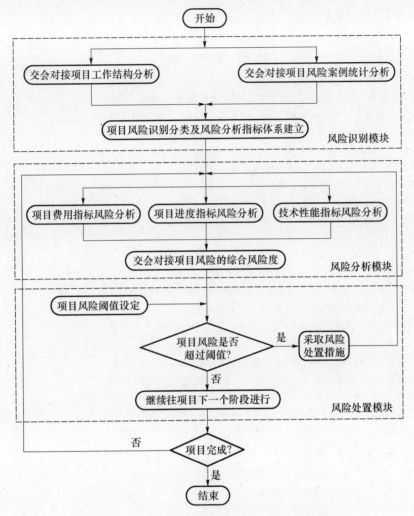

图 6-8 交会对接仿真项目风险控制系统流程图

6.4 小 结

本章围绕交会对接仿真试验设计、数据处理和项目管理 3 个层面,介绍了交会对接试验设计所需遵照的基本原则和常用的基础方法,结合交会对接仿真试验设计和数据处理实例对理论方法进行了说明,并提出了提高仿真精度的方差缩减技术;阐述了复杂项目的组织、集成、时间和沟通的管理方法,介绍了交会对接仿真试验组织管理模式、风险管理等基本方法,并结合交会对接仿真项目管理的实例进行了分析。

参 考 文 献

［1］王万中．试验的设计与分析［M］．北京：高等教育出版社，2004．

［2］李志西，杜双奎．试验优化设计与统计分析［M］．北京：科学出版社，2010．

［3］任露泉．试验设计及其优化［M］．北京：科学出版社，2009．

［4］邱轶兵．试验设计与数据处理［M］．合肥：中国科学技术大学出版社，2008．

［5］戚安邦．项目管理学［M］．北京：科学出版社，2007．

［6］戚安邦．现代项目组织集成管理模型与方法研究［J］．项目管理技术，2003，(2)：14－18．

［7］布兹·艾伦，汉米尔顿．美国系统工程管理［M］．北京：北京航空航天大学出版社，1991．

［8］哈罗德·科兹纳．项目管理——计划、进度和控制的系统方法［M］．杨爱华，等译．第7版．北京：电子工业出版社，2002．

［9］卢向南．项目计划与控制［M］．北京：机械工业出版社，2004．

［10］黄春平，侯光明．载人航天运载火箭系统研制管理［M］．北京：科学出版社，2007．

［11］西蒙．管理行为：管理组织决策过程的研究［M］．北京：北京经济学院出版社，1988．

［12］王颖．项目风险管理［M］．北京：电子工业出版社，2012．

［13］沈建明．项目风险管理［M］．北京：机械工业出版社，2010．

［14］王长峰．现代项目风险管理［M］．北京：电子工业出版社，2002．

［15］王卓甫．工程项目风险管理［M］．北京：机械工业出版社，2008．

［16］程莉莉．项目管理仿真与软件应用［M］．天津：南开大学出版社，2006．

［17］太萍．航天项目风险管理［M］．北京：中国宇航出版社，2008．

［18］符志民．航天项目风险管理［M］．北京：机械工业出版社，2005．

第7章 我国交会对接任务系统仿真
应用实例

　　相比载人航天工程前期任务,交会对接飞行任务具有参与系统多,流程复杂,飞行控制难度大,实时性要求强等特点。为验证交会对接任务飞行方案的正确性,保证任务成功,航天员、载人飞船、运载火箭、空间实验室和测控通信等工程大系统均建立了各自的仿真系统,开展了大量的仿真验证。这些仿真系统的特点是对于本系统的模型比较准确,而与之有接口关系的其他系统的模型则比较简化,不能对整个飞行过程进行总体验证。考虑到实际任务是要各系统配合一起完成,而之前还没有较好的检验手段,尤其是闭环检验手段。从系统工程角度探索新的验证方法和手段进行各大系统的联合仿真,不仅可以从工程顶层对总体方案进行定量分析,更重要的是可以进一步对各大系统的方案、流程、故障预案,尤其是系统间接口进行总体验证。

　　为开展交会对接任务全系统参与的、覆盖全任务剖面的大型联合仿真试验,我国载人航天工程以交会对接任务所涉及的运载火箭、追踪航天器、目标航天器、发射场、测控通信和着陆场系统,以及航天员手控训练模拟器等已有任务软件为基础,由第三方研制仿真运行管理、飞行器动力学仿真、各种测量设备模拟器软件和各类图像显示软件,利用基于 HLA 和共享内存的两层仿真平台完成软件集成,构成了天地大回路闭环联合仿真系统,以数学仿真为主,采用实时(主要用于人在回路的仿真时段)和超实时(对于纯数学仿真时段)相结合的方法,首次实现了载人航天工程各系统联合仿真,对神舟八号、神舟九号和神舟十号与天宫一号交会对接任务全过程进行了仿真,验证了飞行任务方案和系统间接口的正确性。

　　空间实验室任务阶段,工程顶层在交会对接任务仿真系统基础上,系统论证并规划了仿真实验室建设,仿真实验室软件系统分为基础资源库层、中间件层、工具层和应用层,通过统一设计底层环境,重点研制仿真运行、协同论证、运营规划等支撑平台,增强软件系统的通用性,提高应用层仿真系统构建效率。完成了基础资源库层软件架构设计、HLA 分布式仿真中间件研制、仿真运行支撑平台研制、协同论证支撑平台方案研究、运营规划原型系统研制等工作。基于新研制的仿真运行支撑平台,通过模型可视化组装方式,构建了交会对接任务、空间实验室任务等应用层仿真系统,提高了底层软件的可重用性和仿真系统的研制效率。对神舟十一号、天舟一号与天宫二号空间实验室交会对接任务规划以及全任务过程飞行方案进行了仿真,验证了任务规划、飞行方案和故障预案的正确性以及系统间接口的匹配性。

本章首先介绍交会对接仿真系统的运行模式、工作流程和阶段划分,然后给出交会对接正常飞行过程、故障预案、边界条件等部分仿真工况的应用实例。

7.1　仿真系统运行模式

我国交会对接任务仿真系统建设采用了大型分布式闭环仿真总体方案,除仿真实验室外,还接入了地面飞行控制中心和航天员科研训练中心(简称航天员中心)软硬件环境,其连接关系如图7-1所示。根据具体仿真内容和参试系统特点,仿真系统运行模式主要包括仿真实验室独立运行、仿真实验室与地面飞行控制中心联合运行、仿真实验室与航天员中心联合运行、仿真实验室与地面飞行控制中心和航天员中心联合运行等4种运行模式。

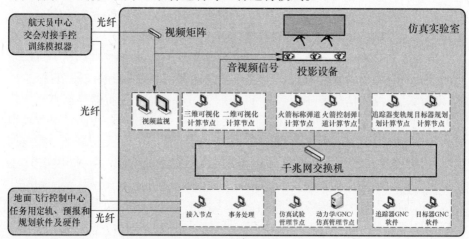

图7-1　交会对接联合仿真系统连接关系

7.1.1　仿真实验室内部闭环运行模式

建设仿真实验室,对航天器发射窗口计算、入轨点确定、火箭上升段标称弹道及控制弹道设计、航天器变轨策略规划、航天器姿态控制、追踪航天器自主控制段控制策略等实际任务规划类软件进行接口改造后部署在仿真实验室,与新研软件通过局域网集成为内部闭环仿真环境。仿真实验室内部动力学、GNC、外测中继、接入服务、可视化等节点联合运行,模拟生成测量数据,任务分析节点计算得到控制量,提供给 GNC 数据注入生成软件。GNC 数据注入生成软件根据控制量、轨道数据和其他注入参数生成注入数据,提供给接入服务节点,注入仿真系统中运行。

该模式在仿真实验室内部进行,不需要其他参试中心接入,适用于边界条件仿真和部分故障预案仿真,需要进行大量试验时,采用一次设计、批量运行的方式,可以大大提高系统仿真的工作效率。

7.1.2　仿真实验室与飞控中心闭环运行模式

实际任务中,地面飞行控制中心要对航天器进行定轨、预报,并进行轨道控制策略规划和计算,地面飞行控制中心以实际任务系统通过网络连接远程参加仿真试验,能够较系统地(不含手控交会对接)验证全任务剖面系统间接口及任务流程的正确性。仿真实验室作为信息—一体化信息网外独立节点用户与地面飞行控制中心连接,在地面飞行控制中心配置协议转换隔离器、防火墙及文件传输软件,在仿真实验室配置路由器、防火墙及文件传输软件。仿真实验室将仿真产生的 USB 外测、中继、GPS 等模拟器数据发送至地面飞行控制中心,地面飞行控制中心将定轨预报、控制计算、注入数据等计算结果发送至仿真实验室,仿真实验室继续后续仿真。

该模式适用于全任务剖面(不含手控交会对接)正常飞行过程的仿真,以及飞行任务前的综合验证工况。

7.1.3　仿真实验室与航天员中心闭环运行模式

将航天员中心交会对接手控训练模拟器接入仿真系统,形成闭环运行,可以验证航天员手控交会对接在全任务流程中方案的正确性以及与其他系统间的协调性和匹配性。仿真实验室仿真至手控交会对接开始时刻,将轨道、姿态和 GNC 数据发送至航天员中心手控训练模拟器,模拟器以此作为初始条件进行仿真,仿真中将轨道、姿态数据和视频图像发送至仿真实验室,仿真实验室利用可视化系统进行演示,模拟器仿真至手控结束时,将轨道、姿态和 GNC 数据传送至仿真实验室,仿真实验室继续后续仿真。仿真实验室能够演示三维图像、二维星下点、航天员座舱实时视频、电视图像等 4 种场景。

该模式能够验证手控交会对接系统间接口及任务流程的正确性,适用于手控交会对接联合仿真。

7.1.4　仿真实验室与飞控中心和航天员中心闭环运行模式

仿真实验室与地面飞行控制中心和航天员中心闭环运行模式,仿真同时覆盖了地面测控任务网和航天员手控交会对接系统,可满足从目标航天器发射窗口确定至完成交会对接后组合体升轨控制全任务剖面联合仿真要求。

该模式适用于对含航天员手控交会对接在内的交会对接全任务剖面进行联合仿真验证。

7.2　仿真主要工作流程、模式及阶段划分

7.2.1　主要工作流程

(1) 根据任务需要和工程决策层的要求,提出仿真需求。

(2) 研究论证并制定系统仿真方案后,作为联合仿真工作的基本依据。

(3) 组织成立仿真协调组、项目组(其职责如6.3.2节所述)。

(4) 依次完成软件接口设计与会签、任务书及合同签订、仿真系统研制(或适应性改造)、系统集成测试。

(5) 完成联合仿真试验准备。仿真系统试运行后,组织各参试系统对技术状态进行确认会签;制定联合仿真试验大纲、细则,经评审后,作为联合仿真试验的基本依据。

(6) 完成联合仿真试验。试验过程中完整记录全部试验数据,对发现的问题及时组织协调解决并做好问题记录;试验完成后及时完成试验技术总结,经评审后上报工程决策层。

7.2.2　主要工作模式

由工程总体牵头,依托仿真协调组、项目组,在各有关系统(或单位)的支持下,完成联合仿真工作。仿真系统研制阶段,参研人员在本单位完成设计和初步研制工作,在仿真实验室集中完成系统集成测试。联合仿真试验阶段,地面飞行控制中心和航天员中心相关人员在本单位参加试验,其他单位人员在仿真实验室集中办公。

7.2.3　主要阶段划分

从仿真作用角度来讲,仿真工作主要可分为总体技术研究论证仿真、任务规划联合仿真和飞行方案联合仿真3类。

（1）总体技术研究论证。主要仿真目的及任务是：在方案论证阶段，通过对任务顶层关键参数、技术指标、技术要求的仿真分析与评估，对总体技术方案的设计与优化，为论证确定总体技术方案和主要飞行方案提供技术支撑。

（2）任务规划联合仿真。主要仿真目的及任务是：在任务规划阶段，为总体任务规划、研制总要求、主要技术要求、飞行方案设计，以及飞行任务大纲、飞行控制要点、故障预案等的制定提供规划分析手段。

（3）飞行方案联合仿真。主要仿真目的及任务是：在飞行方案验证阶段，分析验证飞行方案、故障预案的正确性与合理性，分析验证系统间接口、各飞行阶段衔接的协调性和匹配性。

7.3　交会对接正常飞行过程仿真

交会对接正常飞行过程仿真中所用数据考虑实际飞行任务主要参数在正常范围内的误差影响（如入轨偏差、外测/中继/导航数据误差、控制误差等），但不考虑各类参数偏差过大或飞行过程故障等情况。以天宫二号与神舟十一号飞行任务联合仿真为例，整个过程主要分为天宫二号发射和升轨控制，神舟十一号发射窗口及入轨参数确定、远距离导引和自主控制，以及组合体运行和神舟十一号撤离返回等阶段，其仿真试验的目的、内容和主要结果如下：

7.3.1　仿真目的

（1）验证天宫二号发射至神舟十一号返回全任务剖面飞行方案的正确性与合理性。

（2）验证全任务剖面各系统间、各飞行阶段间接口的协调性和匹配性。

（3）验证天宫二号、神舟十一号和伴随卫星飞行控制策略的正确性和有效性。

（4）直观演示交会对接飞行过程。

7.3.2　仿真内容

交会对接正常飞行过程仿真内容主要包括：天宫二号发射窗口确定、发射天宫二号的运载火箭标称弹道计算和控制弹道生成、发射天宫二号的运载火箭上升段飞行、天宫二号升轨控制及轨道维持、神舟十一号发射窗口确定、神舟十一号远距离导引和自主控制、组合体运行、伴随卫星释放及飞越组合体、神舟十一号分离撤离、神舟十一号返回着陆、天宫二号升轨至长期运行轨道，以及整个飞行过程的定轨预报和轨道控制策略计算等。

7.3.3 仿真主要结果

1. 发射窗口分析结果

天宫二号发射窗口计算所考虑的约束条件包括能源约束和 GNC 敏感器约束。能源约束主要是为保证太阳电池帆板正常发电且发电能力达到一定水平，要求天宫二号入轨后运行初期，太阳矢量与轨道面夹角在允许的范围内；GNC 敏感器约束主要是为保证天宫二号入轨后运行初期在一定的飞行姿态下太阳矢量与轨道面夹角在允许的范围内。

神舟十一号发射窗口计算所考虑的约束条件包括共面约束、能源约束、交会对接测量敏感器约束。共面约束是要求神舟十一号入轨时与天宫二号的轨道近似共面，能源约束与天宫二号发射窗口能源约束类似，交会对接测量敏感器约束是为保证交会对接过程中测量敏感器所需光照条件而提出的要求。

最终的发射窗口确定还需考虑发射场气象条件、测试发射流程、连续可发射天数等因素。此外，作为载人往返运输飞船，神舟十一号的发射窗口确定还经常需要考虑返回时机以及与天宫二号初始相位角等因素。

根据天宫二号与神舟十一号的任务规划，仿真中对天宫二号 2016 年 7 月至 10 月、神舟十一号 2016 年 7 月至 12 月的发射窗口进行了计算，结果分别如图 7-2、图 7-3 所示。其中，横坐标表示月，纵坐标表示一天的 24h，图 7-2 中空白区域为满足天宫二号发射窗口约束条件的发射时间集合，图 7-3 中空白区域与黑色虚线交集为满足神舟十一号发射窗口约束条件的发射时间集合。

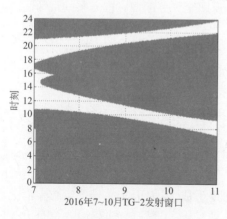

图 7-2 天宫二号发射窗口情况

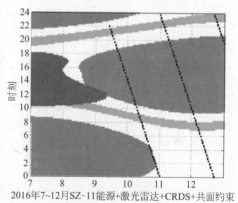

图 7-3 神舟十一号发射窗口情况

可以看出，天宫二号在 2016 年 7 月 1 日至 10 月 31 日每天都有发射窗口，分为早窗口和晚窗口，窗口持续时间约为 2h。神舟十一号在 2016 年 7 月至 11

月初同时存在早窗口和晚窗口,11 月初至 12 月底,早窗口和晚窗口相连。在此基础上,综合考虑上述各种因素后,即可初步选定发射窗口,实际发射窗口还需根据当时情况最终确定,尤其是神舟十一号发射窗口还需根据天宫二号在轨运行轨道情况在发射前最终确定。

2. 定轨及轨道控制情况

联合仿真过程中,由 3 个参试单位分别采用模拟产生的卫星导航数据、外测数据、中继卫星测量数据及独立的算法、模型,对天宫二号和神舟十一号入轨后及历次轨道控制前后的轨道进行了轨道确定,其结果包括轨道根数和位置速度两种形式,3 个单位的定轨结果符合一致性好,且均满足定轨精度要求。同时,3 个参试单位也分别采用独立的算法、模型,根据定轨结果,对天宫二号和神舟十一号历次轨道控制进行了控制量计算,3 个单位所计算的控制量(速度增量)互差占总控制量的百分比均小于3%,符合一致性好,且均满足控制精度要求。仿真得到的神舟十一号远距离导引终端精度满足要求,且精度较高。

3. 推进剂消耗情况分析

天宫二号从入轨至神舟十一号返回后升轨进入长期运营轨道整个仿真过程中的推进剂消耗占设计分配的71.5%,神舟十一号从入轨至返回着陆整个仿真过程中的推进剂消耗占设计分配的71.4%,均未超出设计分配值,这是由于设计分配时考虑空间环境、入轨偏差、控制误差等因素,适当留了一定余量。

4. 相对运动轨迹分析

神舟十一号远距离导引采用地面控制方式,通过 5 次地面控制在相距天宫二号约几十千米处转入自主控制段,利用自身 GNC 系统完成后续寻的段、接近段和平移靠拢段控制。神舟十一号自主控制段轨道面内相对运动轨迹仿真结果如图 7 - 4 所示。

5. 伴随卫星飞越过程相对运动轨迹分析

采用仿真实验室与地面飞行控制中心联合仿真运行模式,仿真中,地面飞行控制中心进行伴随卫星控制量计算和注入数据生成,仿真实验室对地面飞行控制中心控制量进行校核。伴随卫星飞越过程进行了多次轨道控制,其相对于组合体的运动轨迹如图 7 - 5 所示。

6. 伴随卫星有关试验过程相对运动轨迹分析

采用仿真实验室内部闭环运行模式,仿真中,由仿真实验室对伴随卫星安全规避控制策略进行规划并生成控制参数和 GNC 注入数据。伴随卫星在完成有关试验后,处于天宫二号与神舟十一号组合体后方沿迹向约几十千米处,而后通过多次轨道抬升使伴随卫星远离组合体。安全规避飞行过程中,伴随卫

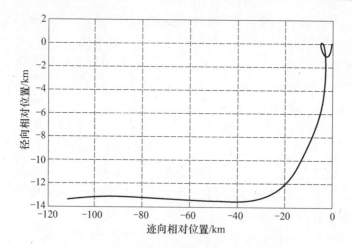

图 7 - 4   载人飞船自主控制段相对运动轨迹

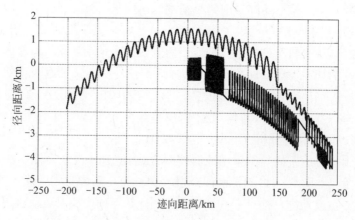

图 7 - 5   伴随卫星飞越全过程相对运动轨迹

星与天宫二号、神舟十一号轨道面内相对运动轨迹随时间变化情况如图 7 - 6 所示。

7. 光照条件结果分析

从天宫二号入轨至与神舟十一号完成交会对接期间,太阳矢量与轨道面夹角变化情况如图 7 - 7 所示。从天宫二号入轨初期以及神舟十一号入轨前至对接后的太阳矢量与轨道面夹角看,满足天宫二号能源、GNC 敏感器等对发射窗口提出的约束条件,同时,也满足神舟十一号能源、交会对接测量敏感器等对发射窗口提出的约束条件,分析表明最终选择的发射窗口合理且满足要求。

204

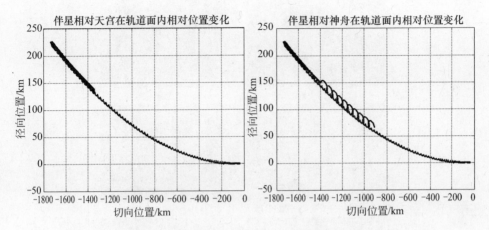

图7-6 伴随卫星与天宫二号、神舟十一号轨道面内相对运动轨迹

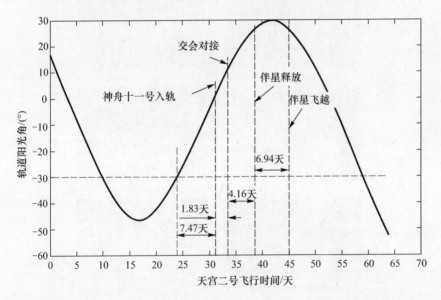

图7-7 天宫二号入轨至与神舟十一号完成交会对接期间太阳矢量与轨道面的夹角

8. 仿真三维显示情况

仿真过程中,采用三维图像显示软件和二维图像显示软件及相应的硬件设备,对包括发射场、运载火箭发射、天宫二号/神舟十一号在轨运行、交会对接、组合体运行、神舟十一号分离撤离、神舟十一号返回着陆、伴随卫星飞行,以及天舟一号发射、交会对接等过程进行了直观显示,典型事件的仿真显示效果如图7-8所示。

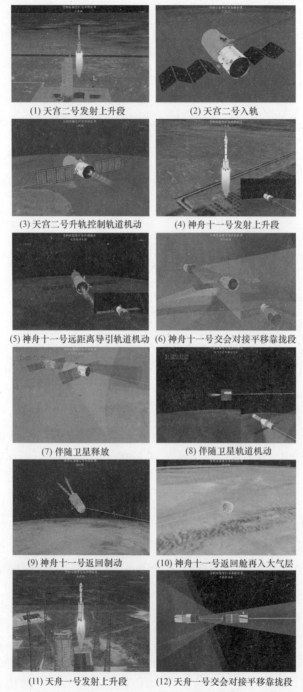

(1) 天宫二号发射上升段　　　　(2) 天宫二号入轨

(3) 天宫二号升轨控制轨道机动　　(4) 神舟十一号发射上升段

(5) 神舟十一号远距离导引轨道机动　(6) 神舟十一号交会对接平移靠拢段

(7) 伴随卫星释放　　　　　　(8) 伴随卫星轨道机动

(9) 神舟十一号返回制动　　　(10) 神舟十一号返回舱再入大气层

(11) 天舟一号发射上升段　　　(12) 天舟一号交会对接平移靠拢段

图 7 - 8　空间实验室任务典型事件三维可视化显示效果图

7.4　交会对接故障预案仿真

交会对接故障预案仿真用于分析验证飞行过程对故障情况的适应性以及故障预案的正确性与合理性。根据不同故障模式,该类仿真包括多种工况,如航天器入轨偏差过大,轨道控制偏差过大,空间环境变化剧烈,载人飞船上升段逃逸与应急救生,推迟交会对接,交会对接故障,组合体轨道控制或姿态控制故障,载人飞船应急返回、推迟返回,外测/中继/导航数据部分时段失效等。下面以载人飞船远距离导引段变轨偏差过大、自动交会对接故障转手控交会对接两工况为例,给出其仿真试验目的、仿真试验内容和主要仿真结果。

7.4.1　载人飞船远距离导引段变轨偏差过大

1. 仿真目的

(1) 验证飞船远距离导引段轨道机动故障对策的正确性。

(2) 验证飞船远距离导引段轨道机动故障情况下控制策略和控制参数的正确性。

(3) 分析飞船远距离导引段轨道机动故障对远距离导引精度的影响。

(4) 演示飞船远距离导引段轨道机动故障情况下远距离导引控制过程。

2. 仿真内容

依据载人飞船应急轨道控制方案和飞行时序,远距离导引段 5 次轨道控制时,部分变轨偏差过大,重新计算控制策略,将飞船控制至远距离导引终点。

3. 仿真主要结果

载人正常远距离导引段通过 5 次轨道控制分别完成抬高近地点高度、修正轨道面、提高远地点高度、圆化轨道和组合修正。仿真假设抬高近地高度过程中轨道机动速度增量不足,超差系数取为 0.7;圆化轨道过程中轨道机动速度增量过大,超差系数取为 1.3。根据载人飞船应急轨道控制方案,仿真中对以上两次轨道控制偏差过大情况下的轨道控制策略进行了重新规划,共进行了 9 次轨道控制,并推迟 1 天实施交会对接。

载人飞船远距离导引终端精度均满足指标要求,且与正常情况下的控制精度相当,整个过程中载人飞船轨道面内的运动轨迹如图 7－9 所示。

通过以上仿真,验证了应急轨道控制方案对轨道控制偏差过大情况下的适应性和合理性,以及控制策略和控制参数的正确性和有效性。

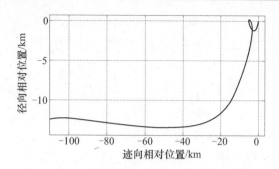

图 7-9　载人飞船在轨道面内的相对运动轨迹

7.4.2　自动交会对接故障转手控交会对接

1. 仿真目的

（1）验证载人飞船手控交会对接系统间接口的正确性。

（2）分析交会对接光学成像敏感器设备故障情况下，在阴影区进行手控交会对接的精度及可行性。

2. 仿真内容

载人飞船正常飞行程序中是以自主控制的方式完成交会对接，假设交会对接安排在阴影区进行，且自主控制过程中交会对接光学成像敏感器设备故障，此时改由航天员（实际仿真由试验员完成）通过其他交会对接测量敏感器数据使用手动控制的方式完成交会对接。

3. 仿真主要结果

自动交会对接故障转手控交会对接整个试验过程中，对接时长、载人飞船推进剂消耗量等与正常情况下均基本相当，载人飞船相对于对接目标的位置、速度随时间变化情况如图 7-10、图 7-11 所示。

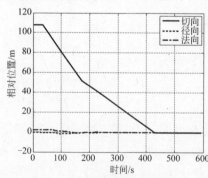

图 7-10　载人飞船相对位置
随时间变化情况

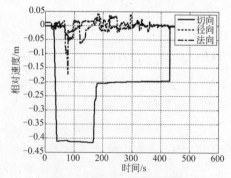

图 7-11　载人飞船相对速度
随时间变化情况

由以上结果可知,在交会对接光学成像敏感器故障且在阴影区对接的情况下,可通过其他交会对接测量敏感器数据完成交会对接。仿真验证了自动交会对接与手控交会对接切换、故障预案和处置对策的正确性与合理性。

7.5　边界条件仿真

边界条件仿真主要是通过分析飞行过程对所研究参数偏差或输入条件的适应性,从而获取参数偏差或输入条件边界而进行的仿真。例如,神舟十一号不同入轨高度及相位条件下的交会对接仿真即为边界条件仿真,其有关仿真试验设计情况及仿真结果如下:

假设神舟十一号入轨近地点高度为 h_p,远地点高度为 $h_{a0} \sim h_{a1}$。入轨时刻与天宫二号相位差为 $u_0 \sim u_0 + 180°$,按 30° 一个步长,共设计 7 组仿真试验,规划仿真不同初始相位差条件下的交会对接控制策略。仿真结果表明:对于仿真试验设计的不同入轨高度和初始相位条件,神舟十一号远距离导引终端误差大部分能够处于精度指标范围内,存在个别超标情况,但均能成功对接,从而进一步说明入轨高度、初始相位差的设计与交会对接时间选择和控制策略密切相关,同时也从侧面验证了实际采用的远距离导引控制策略及控制精度指标的正确性和合理性。

7.6　小　结

基于对空间交会对接系统仿真技术的研究,搭建的交会对接任务全系统实时闭环仿真系统,围绕天宫一号/神舟八号交会对接任务、天宫一号/神舟九号载人交会对接任务、天宫一号/神舟十号载人交会对接任务,以及天宫二号/神舟十一号载人飞行任务、天宫二号/天舟一号飞行任务开展了共 60 多种工况上千组大型联合仿真试验,覆盖了交会对接任务和空间实验室任务全过程,实现了载人航天工程全系统联合仿真,解决了工程总体对空间交会对接过程定量化分析验证的难题,开辟了载人航天工程总体论证、设计、分析和验证的新方向。联合仿真试验对各系统飞控流程、系统间接口、方案预案进行的总体验证,以及对实际任务软件进行的总体评测和考核,提高了任务的安全性和可靠性。

参 考 文 献

[1] 周建平. 空间交会对接技术[M]. 北京:国防工业出版社,2013.

[2] 唐国金,罗亚中,张进. 空间交会对接任务规划[M]. 北京:科学出版社,2008.

[3] 张金槐,蔡洪. 飞行器试验统计学[M]. 长沙:国防科技大学出版社,1995.

第8章 展 望

根据我国载人航天工程"三步走"发展战略,我国已突破空间交会对接技术,并建成了短期有人照料的空间实验室,下一步即将开展空间站建设。同时,着眼于载人航天工程后续发展,我国也正在开展载人月球探测总体方案论证等相关工作。为支撑载人航天工程总体开展对任务规划和飞行方案的定量化分析与仿真验证,后续应构建空间站任务、载人月球探测任务仿真系统。

为此,可在充分继承前期交会对接任务和空间实验室任务仿真经验基础上,采用分阶段实施的思路,构建具有良好通用性、灵活性和开放性的总体仿真实验室。总体仿真实验室仿真运行环境综合考虑各项任务需求,统一设计软件系统和硬件平台,采用先进技术实现硬件设施和基础性软件共用、应用软件按需开发配置,建设具有可扩展性的通用运行环境,具备支持总体研究论证、飞行任务方案分析与验证、运营规划研究3种基础能力。一是制定层次化的软件架构。仿真系统架构采用层次化设计,各层次功能相对独立,以增加整个系统的灵活性。底层环境可为各种应用提供模型、算法和数据支持;底层与上层应用之间采用通用服务结构,实现各层相互独立。二是研制通用支撑平台。按照"平台与模型分离、模型与参数分离"的原则,建设多任务共用的底层环境、工具软件。三是构建模型体系。构建包括自研模型和任务软件,覆盖运载火箭、航天器、空间环境、测控通信、运营规划、外部接口等相关领域的模型体系,逐步积累仿真模型,增强模型的可重用性,提升总体仿真能力。四是具备良好的开放性和可扩展性。仿真系统建设在满足当前各项任务的同时,应兼顾后续发展可能,通过提高基础环境的适应性、预留软硬件接口等手段,使系统具有良好的开放性。仿真平台建设应统筹考虑各项仿真需求,采用先进技术,构建基础性软件共用、应用性软件按需开发配置的仿真环境,为工程任务提供技术支撑。仿真运行环境可包含硬件层、基础资源库层、中间件层和工具层,实现仿真实验室通用环境平台,应用层是在仿真运行环境的基础上,针对特定任务(空间站任务系统仿真等),开发专用仿真软件模型,构建的专用仿真系统。总体架构如图8-1所示。

底层环境为开展仿真分析提供基础性支撑,包括基础资源库和中间件。基础资源库是仿真实验室底层公共资源,通过中间件与工具层建立数据接口关系,

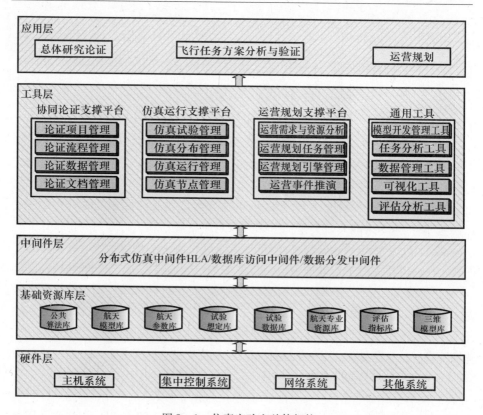

图 8 - 1　仿真实验室总体架构

可为工具层提供基础算法、模型、数据等服务。基础资源库涵盖公共算法库、航天模型库、航天参数库、试验想定库、试验数据库、航天专业数据资源库、评估指标库、三维模型库等资源。中间件用于实现上层软件对基础资源库的访问,以及工具层内部各软件模块之间的数据交互,包括分布式仿真、数据库访问和数据分发等中间件。

通用工具是仿真系统研制和应用的工具集合,主要包括模型开发管理工具、论证分析工具、试验数据管理工具、可视化工具和评估分析工具,为支持开展不同类型研究工作提供手段。模型开发管理工具包括仿真模型开发工具、运营事件建模工具和模型管理工具,为连续系统和离散事件的数学建模提供保障。论证分析工具是为提高研究论证效率,采用商业、自研分析工具进行快速分析或建模。试验数据管理工具主要是对论证、仿真和运营规划产生的数据进行存储、查询等操作。可视化工具主要目标是实现可视化场景的快速构建和可视化资源的重复利用。评估分析工具由仿真试验数据分析评估工具和事件链概率分析工具构成,可支撑连续系统和离散事件仿真分析评估。

以工程阶段实际应用为牵引,在统一的环境资源和底层支撑平台上构建具体仿真应用系统,为工程总体在立项综合论证、总体方案设计、总体任务规划和飞行任务组织实施提供仿真分析和验证手段,充分发挥系统仿真对空间站任务、载人月球探测总体方案论证中的支撑作用。

8.1　空间站任务仿真系统初步总体设计

我国载人航天在交会对接任务和空间实验室任务阶段,工程总体组织开展了系统间联合仿真,在飞行方案验证方面发挥了重要作用,为任务的顺利实施提供了重要技术支撑。空间站工程系统组成和飞行过程更加复杂,飞行任务间的关联性更强,对利用仿真系统开展飞行方案分析与验证,解决系统间问题的需求更为迫切,本节对满足我国后续空间站任务的仿真系统进行了需求分析,并探讨了构建仿真系统的初步思路。

8.1.1　总体思路

空间站任务仿真系统在总体仿真实验室底层软硬件环境上运行,是基于支撑性软件开发的特定应用系统。空间站任务仿真系统着眼工程总体方案分析与验证,依托载人航天总体仿真实验室软、硬件环境平台,充分继承空间实验室任务系统仿真软件模块等成果,根据空间站任务仿真需求,对原有仿真软件进行适应性改造,同时采取引进与自研相结合的方式构建新的飞行器仿真模型。在轨道和飞行控制仿真的基础上,重点扩展航天器飞行姿态分析、能源管理、推进剂优化、热流分析、在轨任务分析、航天员出舱活动分析、航天员驻留能力分析等功能。仿真实验室通过光纤与各相关地面飞控中心、航天员中心交会对接手控训练模拟器连接,仿真实验室内部采用千兆以太网连接,各仿真模型可通过支撑平台软件在仿真时自由发布配置在各计算节点上,组成完整仿真系统,实现各功能仿真。

8.1.2　仿真需求

空间站任务仿真系统主要面向空间站组装建造和长期运行重大任务需求,充分发挥系统仿真解决复杂工程问题的优势,以总体方案分析与验证为重点,解决总体方案优化和系统间接口等问题。

1. 方案分析

开展空间站任务飞行方案分析,包括发射窗口、逃逸救生、轨道控制策略、姿态控制策略、测控跟踪、交会对接、载人飞船返回着陆、航天器离轨再入等轨道相关方案分析,与姿态控制模式相关的能源平衡分析与热平衡分析,飞行过程中推进剂消耗分析,航天员出舱等经常性在轨重要事件分析,以及航天员长期驻留能力分析,为制定总体方案提供技术支持。

1)发射窗口分析

考虑发射场位置、目标轨道、太阳入射角以及交会对接等约束条件,分析在给定时间段内,空间站工程各航天器的可发射时间窗口。

2)逃逸与应急救生方案分析

模拟载人飞船发射上升段运载火箭飞行控制过程,开展火箭逃逸与飞船救生飞行过程仿真,分析优化逃逸与应急救生方案。

3)飞行控制方案分析

分析空间站飞行控制、交会对接、轨道维持、离轨再入,载人飞船返回着陆等各阶段飞行控制方案。

4)飞行姿态控制分析

分析空间站飞行过程所受的环境力矩以及基于角动量管理的姿态控制情况,优化长期飞行姿态控制模式设计。

5)能源平衡分析

结合飞行姿态控制分析,开展空间站能源平衡分析,包括发电功率、设备用电负载以及能源平衡等分析。

6)热平衡分析

结合飞行姿态控制分析,分析空间站各模块舱体、辐射器吸收的外热流密度;建立空间站热控系统模型,分析空间站各区域热平衡温度。

7)航天员出舱分析

根据空间站组装建造与长期运营各阶段航天员出舱活动任务需求,建立航天员出舱活动运动学模型,分析航天员出舱活动操作的可达性与可视性等。

8)航天员驻留能力分析

分析航天员在空间站长期驻留过程中,空间站物化再生生保系统氧气、水的循环利用率,以及航天员消耗品使用方案的合理性。

2. 方案验证

开展从空间站核心舱发射入轨至空间站离轨全过程重要飞行阶段联合仿真,验证飞行控制策略的正确性和有效性,分析与轨道有关的偏差因素对飞行控制过程的影响,验证与轨道有关的故障模式与对策的有效性,验证工程各系统间接口的协调匹配性,验证和优化飞控模式。

3. 综合信息显示

1）仿真显示模型

建立载人飞船、货运飞船、空间站各舱段、运载火箭、发射场、测控站以及地球环境的三维数字模型。

2）飞行过程可视化演示

利用二维和三维可视化功能直观演示空间站组装建造与长期运营各阶段重要飞行过程，包括三维外部场景、三维内部场景，以及仿真数据表格曲线二维显示等。

8.1.3　系统方案设计

空间站任务仿真系统需满足多个仿真任务需求，覆盖多项仿真专题，并且空间站任务周期长，必须考虑后续的扩展性，在设计时就应考虑通用性、灵活性和可扩展性。

1. 设计原则

1）通用性原则

为最大程度保证系统的通用性，设计时采用"平台与模型分离、模型与参数分离"的原则。

2）灵活性原则

空间站任务仿真系统架构采用层次化设计，各层次功能相对独立，以增加整个系统的灵活性。

3）可扩展性原则

空间站任务仿真系统设计时在满足已有任务需求的同时，应兼顾后续发展可能，通过预留软硬件接口等手段，提高系统的扩展性。

2. 仿真系统架构

空间站任务仿真系统架构由 3 层结构组成：硬件层、支撑平台层和仿真应用层，如图 8-2 所示。

硬件层是空间站任务仿真系统的硬件设备，包括主机、显示、音频、视频、交互式设计支持、集中控制、网络、电源等。

支撑平台层提供空间站任务仿真系统底层仿真运行管理软件，实现仿真平台通用化和仿真模型的标准化，是集仿真模型管理与分布式仿真于一体的系统。

仿真应用层包含空间站任务仿真系统所需的各种数学仿真模型，并通过仿真支撑平台将各仿真模型调度组成一个仿真系统，实现各个仿真功能。

3. 硬件平台

硬件平台基于载人航天总体仿真实验室，通过系统集成规划设计，形成一个

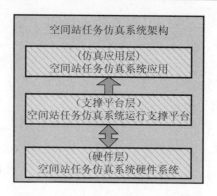

图 8-2　空间站任务系统仿真架构

兼具先进性、可靠性及可维护性的硬件环境。硬件设备连接关系如图 8-3 所示。

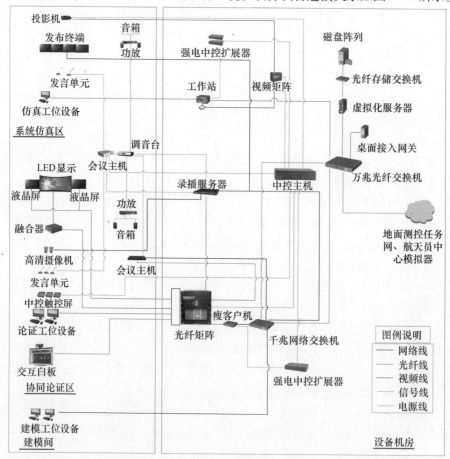

图 8-3　仿真实验室硬件设备连接关系示意图

主机子系统采用工作站、服务器 + 瘦客户机的形式为前端提供计算能力。工作站主要用于各种高性能仿真计算,服务器为瘦客户机提供满足应用要求的虚拟化桌面,后台配置磁盘阵列,实现数据的集中存储。

显示子系统配置一套 LED 显示屏,用于仿真系统可视化显示。

集中控制子系统通过触控屏实现工位计算机的本地显示、共享本地显示及控制权、LED 显示屏控制等功能,通过中控管理软件实现对设备机房主要设备的远程控制。

网络子系统实现基础资源共享,采用树形结构设计整个实验室网络的骨干架构,网络核心层采用万兆光纤以太网连接工作站和服务器。

电源子系统为实验室提供电源保护。辅助设备提供开展研究的基础工作环境,包括工位和设备机柜等设备。

4. 运行支撑平台

运行支撑平台为空间站任务仿真系统提供底层仿真服务和通用仿真工具,采用分层设计,主要包含基础资源库层、中间件层和工具层。

基础资源库层为系统运行提供基础模型和数据资源,供工具层软件和应用层软件调用,提高实验室软件通用性,减少新系统开发人力和时间成本。

中间件层承担基础资源库与上层软件之间的标准数据传输任务,通过采用 HLA 或数据库访问等标准接口,支持分布式仿真模式下的数据交互,并为工具层软件间的数据分发提供标准接口函数。

工具层软件提供面向用户的各种功能,由协同论证、仿真运行、运营规划等支撑平台,模型开发管理、任务分析、试验数据管理、可视化、评估分析等一系列通用工具软件组成。

5. 专业仿真软件系统组成及架构

1) 软件组成

根据空间站任务系统仿真需求,对开展各项仿真任务所需软件模型进行梳理,空间站任务仿真系统软件由各专业数学仿真软件、仿真管理软件和外部系统软件组成,其中外部系统软件包括地面飞行控制中心系列软件和航天员交会对接手控训练模拟器相应软件等;仿真管理软件包括仿真运行支撑平台软件、地面飞行控制中心接入服务软件和交会对接手控训练模拟器接入服务软件等;各专业数学仿真软件包括轨道动力学类软件、GNC 仿真类软件、数管系统仿真类软件、能源管理仿真类软件、阳光遮挡分析计算类软件、热平衡分析仿真类软件、环境力矩仿真类软件、控制策略规划类软件、遥控注入仿真类软件、发射窗口分析类软件、上升段弹道计算类软件、逃逸救生仿真类软件、推进剂优化分析类软件、应用载荷观测分析软件、外测中继模拟类软件、航天员出舱分析软件、航天员长期驻留分析类软件、综合信息显示类软件以及飞行流程管理软件等,总体仿真设计人员根据不同的仿真任务需求调用相应的仿真模型构建仿真环境。空间站任务仿真系统软件组成如图8-4所示。

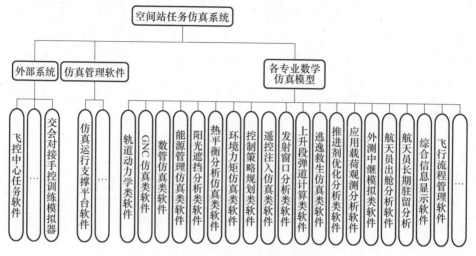

图8-4　空间站任务仿真系统软件组成

2) 软件模块关系

空间站任务仿真系统可根据不同仿真任务需求,对不同软件模块进行灵活组装,实现不同的仿真功能。从仿真功能实现方式上可划分为3类:第一类是独立仿真单元,由仿真实验室内部单个或几个独立仿真软件组成,如发射窗口分析、上升段弹道分析、逃逸救生分析(包括火箭逃逸仿真和载人飞船救生仿真)、能流分析(包括空间站阳光遮挡分析、外热流分析、散热能力分析)、应用载荷观测任务分析(包括对地观测、巡天观测范围和时间窗口分析)、航天员出舱活动任务分析(包括航天员出舱路径规划、出舱动力学仿真、机械臂运动学仿真)、航天员长期驻留能力分析等。第二类是仿真实验室内部分布式仿真,由仿真运行支撑平台、仿真管理、航天器轨道动力学、GNC仿真、数管仿真、外测/中继/导航数据模拟、注入数据生成等软件作为基础,再配以具有特定仿真功能的专用软件,通过仿真实验室内部数据交互,实现相对复杂的仿真功能,如飞行控制方案仿真、飞行姿态分析仿真、能源管理分析仿真等。第三类是仿真实验室通过网络与各相关地面飞行控制中心、航天员中心等的软硬件连接成一个仿真系统,实现较复杂的仿真功能,如全任务剖面(从空间站试验核心舱发射至空间站寿命末期离轨)正常飞行过程联合仿真。以正常飞行过程联合仿真为例,其主要软件模块及运行流程关系可采用图8-5示例进行设计。

其中,空间站任务系统仿真各仿真模型在仿真运行支撑平台的统一管理下

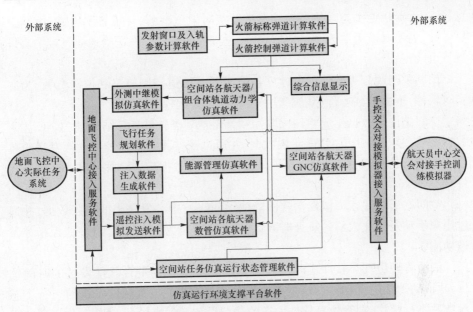

图 8-5　正常飞行过程联合仿真主要软件模块及相互关系

进行组装、分布和运行。

发射窗口及入轨参数计算软件负责计算空间站各舱段、载人飞船、货运飞船及其他航天器的发射窗口和火箭入轨参数。

上升段弹道计算类软件根据各航天器发射窗口和入轨参数计算结果,分别计算火箭标称弹道和控制弹道,并将火箭控制弹道计算结果以文件形式装载进综合显示软件,进行上升段飞行过程演示。

轨道动力学仿真软件实时接收仿真运行环境支撑平台软件发送的时间信息,仿真运行状态管理软件发送的组合体控制状态,各航天器 GNC 仿真软件发送的姿态参数与各发动机工作参数,实时计算空间站各航天器轨道参数。

GNC 仿真软件实时接收仿真运行环境支撑平台软件发送的时间信息,仿真运行状态管理软件发送的控制误差系数,各航天器轨道动力学仿真软件发送的实时轨道参数,各航天器数管仿真软件发送的 GNC 注入参数,遥控注入模拟发送软件发送的 GNC 遥控参数,进行敏感器测量、姿态动力学、制导控制以及执行机构工作参数仿真计算。

数管仿真软件实时接收仿真运行环境支撑平台软件发送的时间信息、遥控注入模拟发送软件发送的数管注入数据,向 GNC 仿真软件转发 GNC 注入数据和控制指令,向能源管理分析软件发送各设备开关机指令参数。

外测中继模拟仿真软件实时接收仿真运行环境支撑平台软件发送的时间信

息、各航天器轨道动力学仿真软件发送的实时轨道参数,计算各测控站、中继卫星、导航卫星对航天器的测量数据,并通过接入服务软件发送给地面飞控中心进行轨道确定。

控制策略规划类软件负责计算各航天器的轨道控制策略和控制参数,为非实时软件,不由仿真运行环境支撑平台软件调度运行。

空间站注入数据生成软件读取控制策略规划类软件计算结果,按 GNC 注入数据格式要求,加工成 GNC 注入数据,并通过遥控注入模拟发送软件发送给各航天器数管仿真软件,数管仿真软件接收到注入数据后,按要求向 GNC 仿真软件转发。

空间站遥控注入模拟发送软件读取地面飞控中心发送来的注入数据,并通过用户手动发送注入给各航天器数管仿真软件,也为用户提供 GNC 遥控指令发送功能。

能源管理仿真类软件实时接收仿真运行环境支撑平台软件发送的时间信息,轨道动力学仿真软件发送的实时轨道参数,GNC 仿真软件发送的飞行姿态参数及飞行模式,数管仿真软件发送的载荷设备开关机指令,计算各航天器一次电源的发电功率(考虑各太阳翼阳光照射角度、遮挡面积与遮挡形状)、负载功耗以及储能电池充放电数据等。

综合信息显示软件实时接收仿真运行环境支撑平台软件发送的时间信息,各航天器轨道动力学仿真软件发送的实时轨道参数,GNC 仿真软件发送的姿态参数、空间构型、帆板转角以及发动机工作参数等,三维实时动态显示飞行控制过程,通过表格和曲线实时动态显示飞行参数。

外部系统包括地面飞控中心实际任务软件系统和航天员中心交会对接手控训练模拟器,地面飞控中心接收仿真实验室发送的各航天器外测/中继/导航卫星模拟测量数据,根据要求完成轨道确定和轨道控制策略计算,并将结果通过接入服务软件发送至仿真实验室,从而实现联合仿真。对手控交会对接仿真,仿真实验室在手控交会对接前将载人飞船与空间站的轨道、姿态、质量特性等参数通过接入服务软件发送给交会对接手控训练模拟器,由交会对接手控训练模拟器完成仿真后,将对接后的数据发送给仿真实验室。

8.2 载人月球探测任务仿真系统构想

相比于近地轨道飞行,载人月球探测任务技术难度更大、流程更加复杂、系统组成也更加庞大,涉及航天器发射、空间交会对接、地月转移、月面着陆、月面上升、月地转移和再入返回等多个飞行任务阶段,各阶段衔接紧密,关联性强。

利用仿真技术对载人月球探测任务进行仿真分析与验证是确保载人月球探测任务优化和方案正确的有效手段。本节将充分借鉴国内外载人、无人月球探测仿真相关技术和经验,简要介绍载人月球探测任务仿真系统的初步构想。

8.2.1 总体思路

载人月球探测任务仿真涉及飞行器多、轨道计算要求精度高、仿真速度要求高,对仿真模块通用性和仿真平台可扩展性提出了较高的要求,其仿真系统可采用"通用分布式仿真平台+标准化仿真模型"的方式,以载人月球探测任务可能涉及的新一代载人运载火箭、重型运载火箭、载人飞船、月面着陆器、月球轨道空间站、推进飞行器、发射场、月面着陆区、返回着陆场等为建模依据,为可能的多种仿真任务提供支撑。通用分布式仿真平台包括模型管理、试验管理、分布运行和结果分析等功能,提供统一的仿真模型接口规范。在通用分布式仿真平台环境下,对标准化仿真模型直接组装,可适应载人月球探测任务多种奔月飞行模式,达到"一个平台满足多个系统,一套模型满足多种应用"的目的。标准化仿真模型是按照初始化、输入输出接口、封装形式、代码开发、测试等统一标准规范研制的更高层次基础性软件模块,可根据仿真需要增减子模块,并通过配置不同的参数适应各种仿真任务。针对不同奔月飞行模式,可通过通用分布式仿真平台和标准化仿真模型快速搭建仿真系统进行仿真,满足不同仿真功能需求、任务约束设计和仿真精度要求。

载人月球探测任务仿真系统建设具体可分为4个阶段:第一阶段,根据技术指标进行总体架构设计,进行分层设计,确定仿真平台与计算模块之间以及各层软件之间的接口关系。第二阶段,开展软件接口设计,对软件进行功能分解,进一步细化模块,针对各模块开展接口设计。第三阶段,进行系统软件开发,按照软件工程化要求,先后开展软件概要设计、软件数学模型研究、软件详细设计、软件测试。第四阶段,进行系统软件集成,按计划进行软件与仿真平台的联调联试,测试系统的匹配性,完善确定仿真硬件平台与软件接口。

8.2.2 仿真需求

应面向我国载人月球探测任务论证需求,梳理并构建载人月球探测任务总体方案仿真模型,建立载人月球探测任务仿真系统,开展载人月球探测任务方案优化研究,为载人月球探测任务总体方案论证和优化提供仿真验证手段。

为达到载人月球探测任务论证分析和仿真验证目的,需基于航天器较细颗粒度仿真模拟,开发能为综合论证、总体方案设计、飞行仿真演示提供技术支撑的软件系统,构建适用于不同奔月飞行模式任务设计的仿真系统。该仿真系统应以轨道分析为基础,以飞行方案设计和系统仿真为重点,研究任务优化与系统方案,实现任务总体规划和飞行任务全过程闭环仿真。初步可采用简化模型,实现不同飞行模式的任务总体规划和飞行方案仿真验证功能,同时预留后续扩展接口。

8.2.3 系统方案设计

1. 初步方案构想

为满足载人月球探测任务系统仿真需要,仿真系统应具备开展载人月球探测顶层任务分析,研究影响载人月球探测总体方案设计的关键因素和总体参数的功能,具备开展方案优化与飞行任务规划功能(包括任务窗口优化求解、载人月球探测任务轨道设计、应急救生策略设计等),具备开展载人月球探测全任务剖面飞行过程仿真功能。

为此,仿真系统可由顶层任务分析层、飞行任务规划层、飞行任务仿真层3个层次构成,如图8-6所示。顶层任务分析层主要功能是分析影响载人月球探测总体方案设计的关键因素和总体参数,进行飞行方案分析与评价,为奔月飞行模式及关键参数的选取提供依据,不直接参与飞行任务仿真。飞行任务规划层主要功能是开展给定奔月飞行模式下的任务规划,并为后续仿真提供输入条件,主要包括轨道设计、窗口分析和应急救生规划等内容。飞行任务仿真层主要功能是开展航天器发射、地月转移、近地轨道交会对接、环月轨道交会对接、月面着陆器着陆和上升、月地转移和再入返回等全任务剖面仿真,验证飞行方案和设计参数的正确性与合理性。

2. 技术难点及初步解决思路

1)顶层任务分析层

一是影响总体方案的关键因素多,参数间耦合交联,软件设计流程复杂。可考虑将影响方案确定的关键因素(如任务规模和安全性可靠性等)作为核心模块,基于核心模块通过计算分析得到用于对总体方案评价的主要技术指标。在此基础上,梳理影响主要技术指标的设计参数,将每一项参数的影响分析作为一个基础分析模块,据此,制定系统框架。

二是总体参数敏感度分析计算量大,模型简化既要保证精度,又要提高效率。顶层任务分析层主要计算分析总体参数对方案设计的敏感性,计算量大。在兼顾效率与精度的前提下,可考虑采用齐奥尔科夫斯基公式、转移轨道双二体模型、月心轨道二体模型、地月转移近月点在地月连线背面附近区域、月球反垂点与再入点路径角固定等大量简化模型和合理假设,有效减少求解时间,同时保证参数敏感性分析结果的正确性。

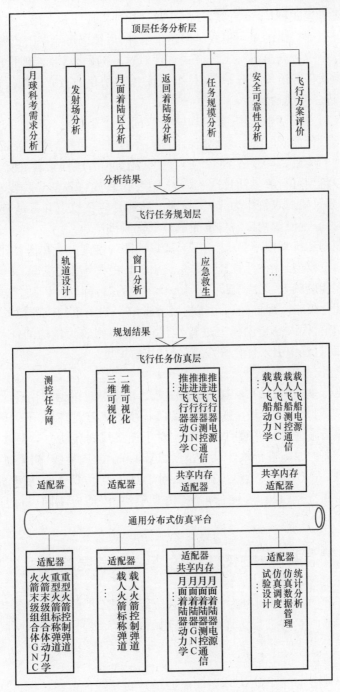

图 8-6 载人月球探测任务仿真系统示意图

三是飞行模式种类多,方案差异大,通过软件实现任意飞行方案编排较为困难。国内外目前提出的飞行模式已多达十余种,后续仍可能提出更多飞行模式,在软件设计中难以列出所有飞行模式。针对这一问题,需要梳理目前所涉及的所有飞行模式任务阶段划分,并将其作为通用选项,供飞行方案编排选用。

2)飞行任务规划层

一是飞行阶段耦合紧密,窗口和轨道解耦设计难度大。载人月球探测任务窗口和轨道设计需同时满足近地交会对接、环月交会对接、月面着陆区、返回着陆场等条件的约束,其关联性非常强,直接利用数值方法搜索满足所有约束的飞行轨道难以得到可行解。针对这一难题,可考虑首先将各任务阶段轨道设计解耦,然后以环月轨道求解作为起点,分别设计地月转移轨道和月地转移轨道,在综合考虑时间、规模等约束条件下完成整个轨道拼接。

二是规划和仿真模型要求存在差异,形成闭环难度大。在任务规划中,若直接采用高精度模型,往往计算速度非常慢,但如果采用简化模型,又会导致规划结果与实际相差较大,无法直接用于仿真。针对这一问题,可考虑在规划过程中使用串行优化策略。即首先利用简化模型求解得到满足约束的任务参数,进一步以此为初值,代入高精度模型进行迭代求解,得到较为精确的任务参数。同时,可在求解过程中引入优化算法,以增加求解速度。

3)飞行任务仿真层

不同飞行模式涉及的飞行阶段差别较大,实现软件的通用化设计较为困难。为此,应合理划分软件模块,规范软件接口。在此基础上,根据不同软件模块特点采用相应措施进行软件通用化设计。对于在线规划和动力学类软件,按照参数与模型分离的原则进行软件设计,将轨道动力学配置参数、初值、目标状态等与模型剥离,适应不同飞行模式的选用;对于 GNC 类仿真软件,梳理分析不同飞行阶段的控制特点,设计不同的 GNC 仿真模块,以适应不同飞行阶段的仿真需要。

8.3　航天任务仿真技术发展趋势

航天任务仿真通常可分为部件级、系统级、任务级等不同层次。部件级仿真针对航天器部(组)件进行仿真研究,采用的工具大多是各专业软件,其发展依赖于航天相关专业的发展。本节重点对航天任务系统级和任务级仿真的技术发展趋势进行展望。

在航天系统级仿真方面,全生命周期仿真和多物理场耦合仿真是重要的发展趋势。目前发达国家仿真技术已经基本实现了对产品全生命周期的支撑,如美国航天器仿真技术的应用已覆盖概念设计、详细设计、制造、使用等全过程。美欧通常将航天器发展过程分为 A 到 E 阶段(表 8-1)。

表 8-1　航天器发展的主要阶段及任务

阶段 A	阶段 B	阶段 C	阶段 D	阶段 E
任务设计、系统概念分析和配置项开发、标准化文档	系统设计定义和设计确认、系统规格开发确认、功能算法设计和性能验证	部件分包、部件详细设计、在轨软件开发确认、测试过程确认、单元和子系统测试	软件确认、系统集成测试、验证飞行程序	地面验证、操作训练、航天器发射、入轨试运行、载荷校准、性能评估

在 A/B 阶段,需要用于设计的工具和仿真器,C/D 阶段需要用于验证的工具和仿真器。设计型工具和仿真器通常包括任务概念分析工具、预算分析工具,以及控制、热设计、电设计、结构设计工具等,验证性仿真器通常包括算法在回路的功能验证设备(Functional Verification Bench,FVB)、软件在回路的软件验证设备(Software Verification Facility,SVF)、控制器在回路的混合系统测试床(Hybrid System Testbed,HTB)、硬件在回路的电功能模型(Electrical Functional Model,EFM)、操作训练仿真器等。发展全生命周期的航天仿真工具将是未来的重要趋势。

航天器特殊的飞行环境需要多物理场耦合的复杂系统建模技术支持,多物理场耦合复杂系统建模就是要研究航天器在真实工作环境下的物理模型问题,即总体、气动和热耦合,气动力/热耦合,气动力/热/机构耦合,力/热/结构/控制(伺服)耦合,还有多体运动、复杂结构等建模问题。面对这些复杂的多物理场耦合关系,通过建模来描述航天器实际飞行状态的物理行为,提高仿真验证的准确度。目前,虽然有部分工具试图解决这些问题,例如 Modelica、Ansys Mulitiphysics、Comsol Multiplephysics 等,但都还存在求解问题有限、计算时间长等缺点,真正的多物理场耦合分析将是未来发展趋势。

在航天任务级仿真方面,仿真系统架构优化、集成化、智能化将是未来发展趋势。目前,各国通过汇集学术界、工业界、政府的研究与实践,致力于解决建模与仿真系统开发与应用中不断涌现的各类关键技术,完成新标准新体系的制定与完善及其相适应的政策的实施,以应对未来复杂仿真的挑战。美国空军一直致力于实现其训练系统的通用性,发布了仿真器通用架构要求和标准(Simulator Common Architecture Requirements and Standards)的征询方案,旨在开发能适应并响应动态网络安全环境的训练体系架构。美国 NASA 开发了发射场安全评估决策支持环境,利用仿真技术建立虚拟发射场,对影响发射场安全的因子进行模拟研究,为发射场安全管理人员认识各种因素对安全的影响程度以及采取相应安全措施提供决策依据。英国 Cohort 公司 SEA 发布英国国防科学与技术实验室仿真体系结构、互操作和管理项目结果,在仿真、训练、试验、评估和基于仿真的采办等领域的建模仿真,支持用户节约成本、提高效率。2017 年 7 月,北约建模与仿真小组(Modeling and Simulation Group,MSG)推出北约建模与仿真职业团队发展活动,旨在开发专业的建模与仿真教育和训练组合,更有效地支持北约各国建模与仿真需求认证。

仿真集成通常包括各类仿真模型和仿真数据管理、仿真运行结果采集、显示和结果报告生成等,目前的发展趋势是将多种功能集成为一个完整的仿真框架。仿真集成化将仿真底层语言、标准等封装起来,用户无需理解各种复杂的仿真标准,将仿真相关内容完全交给集成环境完成,专注于专业模型构建,可以极大提高开发效率。在仿真集成环境中,充分利用自然语言界面和可视交互等智能化成果,使仿真真正成为航天器研制验证过程中的便捷工具。

此外,将新兴技术与航天仿真结合不仅可以提高仿真验证效果,往往也是重要的仿真验证手段。人工智能、量子计算、虚拟现实、云计算、大数据等都将在仿真中大有可为。

例如,最新的虚拟现实技术发展很快,将虚拟现实技术与航天仿真技术结合,研制航天员虚拟训练设备,或在航天器上直接应用虚拟现实技术,在狭小的太空舱内为航天员提供虚拟大场景,解决航天员长期在太空中的居住不适等问题。

云计算是美国国防部明确的改革重点工作之一,采用云基础设施和平台服务为变革国防部使用信息技术服务的方式、释放机敏计算资源的力量以及开展先进数据分析奠定基础。其关注的重点为弹性计算、数据管理与分析、网络安全和机器学习等。

美国 NASA 启动高性能快速计算挑战(High Performance Fast Computing Challenge),寻找将 FUN3D 程序在昂宿星超级计算机上的运算速度提高十倍到一万倍而不降低计算精度的方法。麻省理工学院的计算机科学与人工智能实验室和哥伦比亚大学的研究人员设计开发的 InstantCAD 插件,优化计算机辅助设计模型工具,基于云平台实现多个几何评估和仿真并行计算,节省工程师数天或数周时间。洛克希德·马丁公司将数字孪生技术整合到某个产品生产的全过程,也是世界上首次将数字孪生技术运用到深空探测领域。

8.4　小　结

本章首先针对我国后续空间站任务以及载人月球探测总体方案论证,分析了工程总体层面的系统仿真需求,给出了仿真系统建设的总体思路和初步设计方案,包括仿真系统的总体架构和软硬件组成等。最后,对未来航天任务仿真研究的热点和关键技术进行了探讨和展望。

参 考 文 献

[1] 包为民. 对航天器仿真技术发展趋势的思考[J]. 航天控制, 2013, 31(2):4 - 8.

[2] Eickhoff Jens, Simulating Spacecraft System[M]. Springer, 2009.

[3] 孙学功,刘璟. 多物理耦合仿真简化方法研究[J]. 系统仿真学报,2015,27 (6),1165 - 1174.

[4] 铁鸣,吴旭生,毕敬,等. 高超声速飞行器总体性能虚拟飞行试验验证系统[J]. 系统工程与电子技术,2013,35(9),2004 - 2010.

[5] 孙亚楠,涂歆滢. 航天器仿真与测试一体化系统[J]. 航天器工程, 2009,18(1),73 - 78.

附录　有关坐标系的定义

1. 地心赤道惯性坐标系 $O_E X_I Y_I Z_I$

也称地心惯性坐标系,其原点 O_E 为地球的质心,$O_E X_I$ 轴指向春分点,$O_E Z_I$ 轴垂直于赤道面,与地球自转角速度方向一致,$O_E Y_I$ 轴与 $O_E X_I$、$O_E Z_I$ 轴构成右手系(见附图1),如 $O_E X_I$ 轴指向 2000 历元春分点,即为 J2000 惯性坐标系。

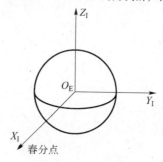

附图1　地心惯性坐标系

2. 目标航天器相对运动坐标系 $o_{r1} x_{r1} y_{r1} z_{r1}$

原点 o_{r1} 为目标航天器的质心,$o_{r1} z_{r1}$ 轴指向地球的质心,$o_{r1} y_{r1}$ 轴垂直于 $o_{r1} z_{r1}$ 轴,指向轨道角速度方向,$o_{r1} x_{r1}$ 轴与 $o_{r1} z_{r1}$ 轴、$o_{r1} y_{r1}$ 轴构成右手系(见附图2)。

附图2　相对运动坐标系

3. 追踪航天器相对运动坐标系 $o_{r2} x_{r2} y_{r2} z_{r2}$

其原点 o_{r2} 为追踪飞行器的质心,$o_{r2} z_{r2}$ 轴指向地球的质心,$o_{r2} y_{r2}$ 轴垂直于 $o_{r2} z_{r2}$ 轴,指向轨道角速度的负方向,$o_{r2} x_{r2}$ 轴与 $o_{r2} z_{r2}$、$o_{r2} y_{r2}$ 轴构成右手系(见附图2)。

4. 追踪航天器轨道坐标系 $o_2 x_{o2} y_{o2} z_{o2}$

原点 o_2 为追踪航天器的质心，$o_2 z_{o2}$ 轴同 $o_{r2} z_{r2}$，$o_2 y_{o2}$ 轴同 $o_{r2} y_{r2}$，$o_2 x_{o2}$ 轴同 $o_{r2} x_{r2}$。

5. 目标航天器本体系 $o_{b1} x_{b1} y_{b1} z_{b1}$

原点 o_{b1} 为目标航天器的质心，$o_{b1} x_{b1}$ 轴沿目标航天器纵轴，指向对接机构反方向，$o_{b1} y_{b1}$ 轴沿目标航天器的横向，垂直于纵轴，指向 II 象限线，$o_{b1} z_{b1}$ 轴与 $o_{b1} x_{b1}$、$o_{b1} y_{b1}$ 轴构成右手系（见附图3）。

6. 追踪航天器本体系 $o_{b2} x_{b2} y_{b2} z_{b2}$

原点 o_{b2} 为追踪航天器的质心，$o_{b2} x_{b2}$ 轴沿追踪航天器纵轴，指向对接机构，$o_{b2} y_{b2}$ 轴沿追踪航天器的横向，垂直于纵轴，指向 IV 象限线，$o_{b2} z_{b2}$ 轴与 $o_{b2} x_{b2}$、$o_{b2} y_{b2}$ 轴构成右手系（见附图3）。

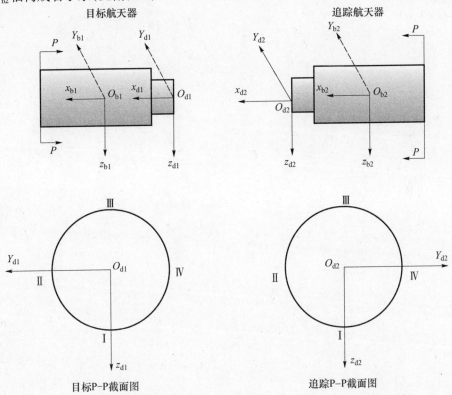

附图3　航天器本体系和对接口系

7. 目标航天器对接口坐标系 $o_{d1} x_{d1} y_{d1} z_{d1}$

简称目标对接系，其原点 o_{d1} 取在目标航天器对接机构对接框端面的中心，

$o_{d1}x_{d1}$ 轴与目标航天器对称纵轴重合，指向目标航天器后端，$o_{d1}y_{d1}$ 轴沿目标航天器的横向，垂直于纵轴，指向 II 象限线，$o_{d1}z_{d1}$ 轴与 $o_{d1}x_{d1}$、$o_{d1}y_{d1}$ 轴构成右手系（见附图3）。

8. 追踪航天器对接口坐标系 $o_{d2}x_{d2}y_{d2}z_{d2}$

简称追踪对接系，其原点 o_{d2} 取在追踪航天器对接机构对接框端面的中心，$o_{d2}x_{d2}$ 轴与追踪航天器对称纵轴重合，指向飞行方向，$o_{d2}y_{d2}$ 轴沿追踪航天器的横向，垂直于纵轴，指向 IV 象限线，$o_{d2}z_{d2}$ 轴与 $o_{d2}x_{d2}$、$o_{d2}y_{d2}$ 轴构成右手系（见附图3）。